儲かる物理

人生を変える究極の思考力

鈴木 誠治 著

技術評論社

はじめに

皆さんは物理と聞くと、どのような印象をお持ちでしょうか？

滑車につるされた物体の運動や、ロケットの運動を数式で解くイメージ、あるいは、アインシュタイン博士の相対性理論から導かれたブラックホールに宇宙船が向かうSFのような世界でしょうか？

本書では、そのようなイメージを超越して『儲かる』と『物理』は密接な関係があることを、筆者が行った実験的な投資や商売、カジノの経験を踏まえて10章に渡ってご説明します。

ところで、物理という科目は、残念なことに世間的にあまり評判が良くないようです。

例えば、筆者が初対面の方に自分は物理を教えているなんて言うものなら、
「ええっ、物理ですかあ……私は、物理は苦手で赤点とっちゃって全然わからなかったです。記号と数式がわんさか並んでいて、教える先生も嫌いだったなあ……」

教師が嫌いで、科目そのものを嫌いになってしまうのはとても勿体ないですよね？

本来、知らないことを学ぶことは楽しいはずなのです！

そこで本書では、速さってなぜ、距離÷時間なの？という、小学校レベルの話からはじめて、エネルギー等の身近な言葉を丁寧に説明し物理とお金儲けの関係をお話します。

そもそも、日常生活で起きているあらゆることが物理なしで語ることはできませんよね？

マンションなどの建築物の耐震設計、車のエンジン、スマホや携帯の構造やそこから出ている電磁波などは物理の法則が土台となっています。

こんなところにも物理が使われているのか！と意外に思われる例は、投資の分野にあります。

まさに、『儲かる』と『物理』の関係の1つの例は株式のオプションという金融商品の価格の決定です。このお話は、第6章でご説明します。

物理的思考力

目の前で起こっている様々な問題を解決したり、お金儲けをするためには**物理的思考力**が役に立ちます。

詳しくは、第2章でご説明しますが、その1つを例に挙げると次の通りです。

> **物理的思考力**
> **① 目の前で起きている現象を観察する**
> **② 状況を変化させたり、違う状況を観察し共通の法則を見出し、必要ならば式で表現する**
> **③ 実験が不可能な場合は思考実験を行う（脳内でシミュレーション）**
> **④ 一般的な法則を示し、再度現象と照らし合わせて法則を検証**

現代社会では、職場や家庭生活、さらには人生そのものにおいて複雑な要因が絡んだ問題が次々と現れます。

このような問題をインターネットで調べたり人に聞いて解決できない場合、**自分の頭で考えて答えを見つける**しかありません。この解決には、**物理的思考力**が重要な手段となります。

本書を読むことをきっかけに、豊かな人生を送る手助けになれば幸いです。

最後に、筆者の稚拙な文章を丁寧に編集して頂いた成田恭実さん、表紙と本文中のイラストを担当して頂いたサワダサワコさん、本書を執筆中に娘を出産しながらも生活を支えてくれた妻の牧には心から感謝申し上げたいと思います。

2017年9月7日
鈴木 誠治

物理を知ると本当に儲かるの？
いっしょに学んでいきましょう！

目　次

第3章

エネルギー保存と複式簿記

第4章

最小時間の原理と機会費用

第5章

神はサイコロを振らない！？（カジノ必勝法）

第6章

物理と金融工学

第7章

エントロピーと会話力

第8章

自由度と働くリスク・リターン

第9章

物理現象と不動産投資のアナロジーを考える

第10章

見えないリスクを物理的に考える

第１章

お金持ちがますます お金持ちになる理由

はじめに、物理がたった3つの要素からできていることを説明します。
さらに速度と加速度の考え方から、グラフの読みを通じて純利益と資本の関係をお話し、金持ちになる方法をご説明します。

物理はたった3つの要素でできている

まずは、物理の土台となる力学からはじめましょう。
物理の分野は、力学、熱力学、電磁気、波動、原子の分野があるのですが大まかな相関関係は次のような図で表現できます。

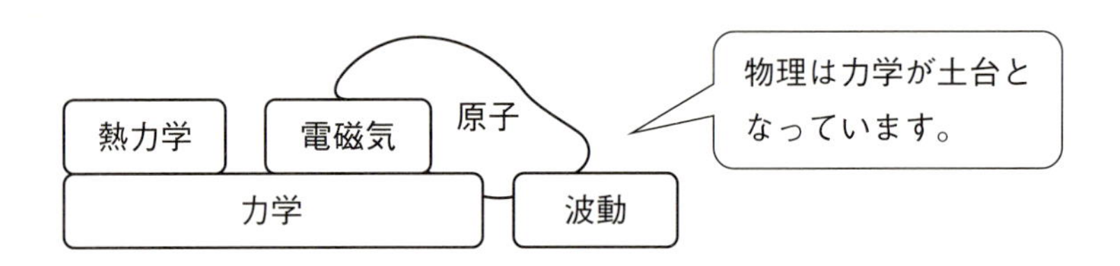

上図を見ておわかりのように、物理は力学が土台となっています。力学は物体に働く力と運動の関係を考える分野です。
とても大切なことは物理の世界、特に力学はたった3つの要素から成り立っているのです。
3つの要素とは、長さ（距離）と時間と質量です。
長さを表す記号は未知数でよく用いる文字としてx〔m〕で表し、時間は英単語timeの頭文字でt〔s〕で表し、質量は英単語massの頭文字でm〔kg〕と表します。
これら3つの要素を次元と呼びます。

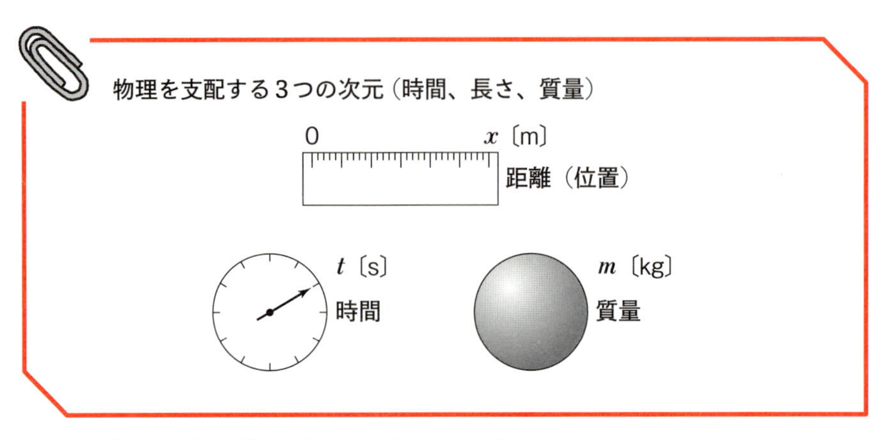

力学の世界で登場する**速度、加速度、力、エネルギー、仕事、モーメント**……等のどんな**物理量**でも必ず3つの次元に切り分けることができるのです。

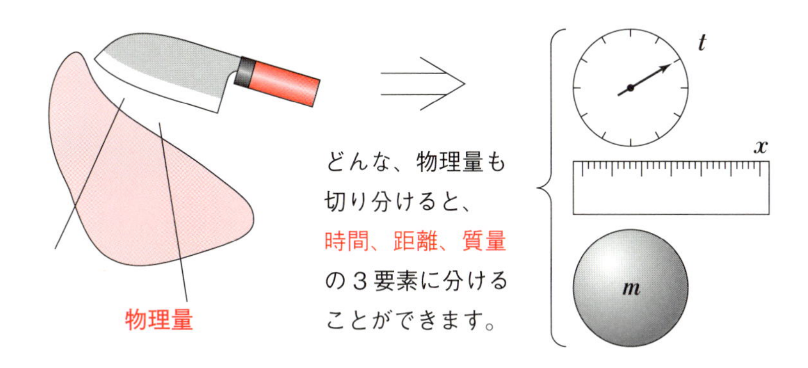

例えば、仕事やエネルギーなどの言葉は、日常生活でも使いますが、3つの次元を用いて、次のように表すことができます。

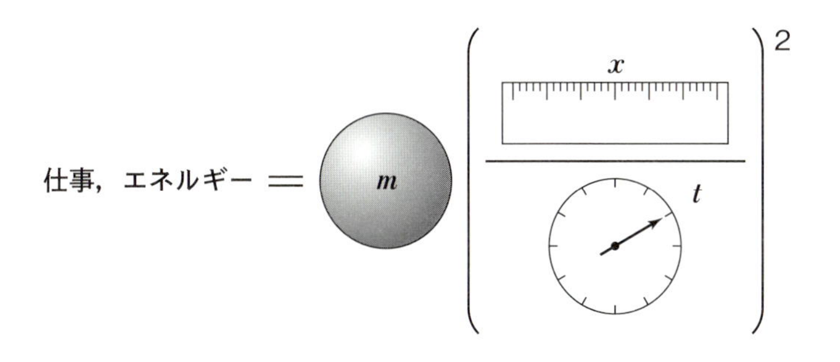

なぜ仕事やエネルギーがそのような式になるのかは、第3章でご説明します。

どんな物理量でも3つの要素からなるとわかっていることは、とても重要です。

例えば、ある**物理量を式で表したいのだけど物理の法則がわからないとか、未だに法則がない**なんて場合があります。

そんな場合、物理を構成する要素が**「距離」「時間」「質量」**の3つのピースだけからなり、この3つの要素をあたかもジグソーパズルのように、上手いこと組み合わせて法則を作ってみよう！って考え方があります。

この考え方を**次元解析**と言います。目の前に問題が現れた場合、**最小要素に分割することで、問題の本質が見える**場合があります。

具体例を次に示します。

最小の要素に分割する

筆者は、予備校で物理を教えていますが、勉強しているのになかなか成績が伸びない生徒がいます。

その生徒に、単に「**勉強しろ！**」だけでは問題が解決しない場合があります。

そもそも、勉強する最小の要素はなんでしょう？

① **教科書**
② **問題集**
③ **教師**
④ **勉強にかける時間**
⑤ **本人のモティベーション**

①、②の教科書、問題集が生徒の実力やフィーリングに合っていない場合はよくあることです。数冊買ってみて、自分に合ったものを使ってみるとか、複数の教科書を単元ごとにばらばらに分割して、オリジナルの本を作ってみるとか、印刷物はやめてネットの映像系の情報で学ぶとか…様々な方法をとるべきです。

ちなみに、youtubeで鈴木、物理で検索すると何かが出てくるかもしれません（笑）。

③の教師が嫌いになって、科目そのものが嫌いになってしまう可能性も否定できないでしょう。筆者も予備校講師ですから、生徒の人生を左右する可能性があるので常に責任を感じながら自問自答しています。

④の勉強にかける時間ですが、かける時間と成績が比例関係にないことはとても悲しいことです。かける時間よりも内容がどうなっているかが大切です。

⑤のモティベーションは、そもそも学ぶ理由が明確になっていないと嫌々やっても効果は上がらないでしょう。

いかがでしょうか？ 勉強一つとっても、まず最小の単位の要素に分けてから問題を解決する方法が有効ですよね？

問題の本質を見極めるためには、最小の要素に分解し、1つ1つの要素を検討したうえで再構築する。

さてここから物理の力学に登場する、重要な量を説明します。
まずは、小学校で学ぶ速さについて考えます。

速さとは？（単位時間当たりの量に注目）

速さって何でしょう？ これを小学生に説明する方法に、はじきの法則があるのはご存知でしょうか？

次の図のように、円の上半分にき（距離）下半分の左右に、は（速さ）、じ（時間）を書き込みます。

もし速さが知りたければ、は（速さ）を指で隠すと**距離/時間**となりますよね？？ というのが使い方なんですが…。

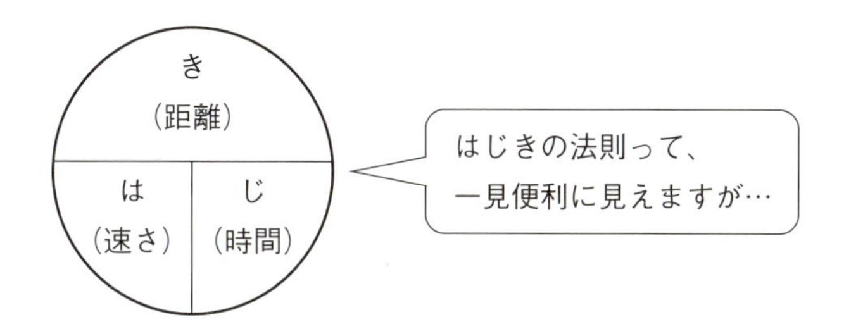

このような方法が日本ではびこっていますが、こんなことを覚えさせるから理系離れが進むのではないでしょうか？

そもそも、どの位置に**は**、**じ**、**き**があるかを忘れたらアウトです。公式を覚えることが物理ではないのです。

改めて、速さとは何かを考えてみたいと思います。会話の中でも、飛行機が速いとかカタツムリは遅いって言いますが、速い遅いを比較するためにはどうしたら良いでしょうか？

例えば、次の例で考えてみます。

① Aさんが10〔s〕で100m進んだ（オリンピック選手？？）

② Bさんが50〔s〕で400m進んだ

AさんとBさんは、どちらが速いのでしょうか？？

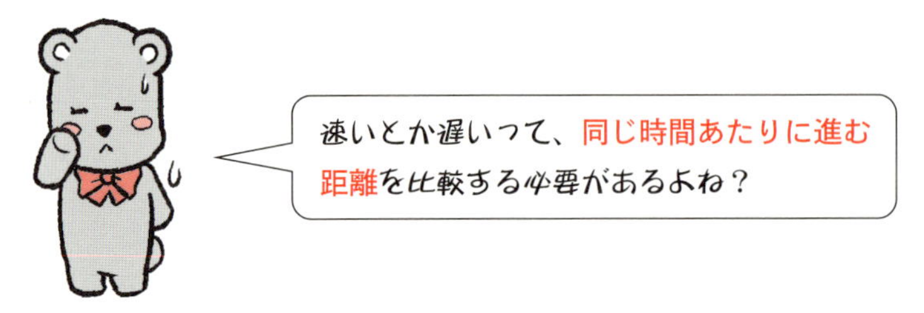

進む距離を比較しても、速いか遅いかを判断することはできませんよね？

そこで、同じ時間；1〔s〕あたりの移動距離の大小を比較すればいいですよね！

①のAさんならば、100m÷10s＝10m/s

②のBさんらば、400m÷50s＝8m/s

よって、①のAさんの方が速いことがわかります。

ずばり、**速さとは単位時間；1sに進んだ距離あたりの移動距離**です。式で表すと次の通りです。

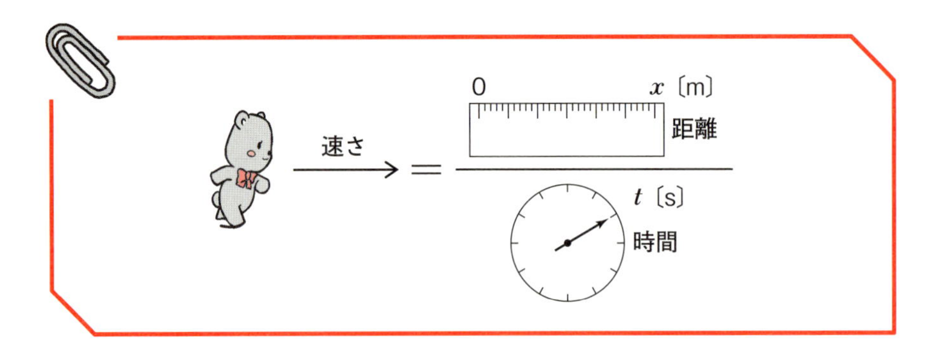

これを公式として暗記するのが物理ではないのです！ 速い遅いを比較したいなあ…って気持ちがあって、比較のために同じ時間つまり、1〔s〕に進む距離を比較すればいいじゃん！

だから**速さは、距離を時間で割ったものなんだ**。という、考え方こそが物理なのです。

物理が苦手となる理由の一つに、数式が並ぶのが嫌いってのがありますが、まず具体的な数字で考えてから後で文字を当てはめるほうが理解できる場合が多いのです。

距離10〔m〕を時間5〔s〕で進んだぜ。ええっと、速さってなんだっけ？…そうそう1〔s〕当たりの移動距離だったな。すると、次のように自然と速さを計算できるはずです。

$$速さ=\frac{10〔m〕}{5〔s〕}=2\left[\frac{m}{s}\right]=2〔m/s〕$$

速さの単位は $\left[\frac{m}{s}\right]$ ですが、無駄に縦長なので〔m/s〕と書き、読み方は

メートル毎秒、またはメートルパーセカンドです。

実は物理では『単位時間当たりの量』に注目するのが常套手段となっています。

例えば電力という言葉は、日常生活でも使われますが、単位時間当たりのエネルギーを表します。エネルギーについては第3章で説明します。

物理に限らず一般社会の世界でも単位時間当たりの量に注目すると、物事がはっきり見える場合が多いですよね？

例えば、生産性が高いといった場合、短時間で付加価値の高い仕事を行うことを指すのではないでしょうか？ つまり、単位時間当たりの生産額または、付加価値こそが生産性と考えることができます。式で次のように表すことができます。

$$生産性=\frac{生産額（または、付加価値）}{時間}$$

生産性を上げるためには、とにかく無駄な時間をカットして仕事に集中する必要があります。

と、言いながら筆者は原稿を書きながら、ついネットのニュースやどうでもよい情報に逃げる場合があります。それも、頻繁にです。この逃げる時間が、生産性を下げます（汗）。

無駄な時間が生産性をとんでもなく下げる例を、筆者の体験でご説明します。

筆者は5年ほど前に、品川駅を出発点として自転車で西にどこまで行けるかを試

したことがあります。

朝6時に品川を出発して、熱海駅にたどり着いたのが、午後3時半です。片道約100㎞を9時間半もかかってしまいました。

自転車の実際の速さは、時間と共に変化していますよね？ そこで、単純に**進んだ距離をそれに要した時間で割ったものを平均の速さ**と言います。

品川→熱海までの**平均の速さ**は1時間当たりのキロ数つまり、時速で次のように計算できます。

$$\text{行きの平均の速さ}=\frac{100\text{km}}{9.5\text{時間}}=10.5\text{km/時間}$$

熱海で筆者の体力は限界を迎え、帰りは自転車を分解して袋に入れ（**輪行**と言います）新幹線で品川駅に戻ったのですが、帰りはわずか40分（＝0.67時間）で戻りました。帰りの平均の速さは次のように計算できます。

$$\text{帰りの平均の速さ}=\frac{100\text{km}}{0.67\text{時間}}=149.3\text{km/時間}$$

では、突然ですが問題です。

問題

品川ー熱海間の、行きの平均の速さは10.5㎞/時間、帰りの平均の速さは149㎞/時間です。品川ー熱海の往復の平均の速さは大体いくらですか？

10.5km/時間と149km/時間の間を取ると大体80km/時間位なんだけど…

正解は次のように計算できます。

$$\text{往復の平均の速さ}=\frac{100\text{km}+100\text{km}}{9.5\text{時間}+0.67\text{時間}}=19.7\text{km/時間}\cdots\text{答}$$

上記の結果から、筆者の品川―熱海往復の平均時速は約20㎞/時間だったのです。

行きにあまりにも時間をかけすぎたため、帰りの新幹線の速さの効果が薄まっていることがわかりますよね？

筆者は、予備校の講師として受験生に一番はじめに伝えるのが**時間の使い方**です。

4月から時間を無駄にしてはいけない、直前に集中してやっても間に合わないと口を酸っぱくして言います。受験生も生産性を高めることが重要なのです。

単位時間当たりの量に注目すると、速い遅いだけではなく生産性などを比較することができる

速さと速度の違い

速さと速度という言葉は、日常生活では使い分けることはないでしょう。ところが、物理では明確に区別しています。

速さとは、**方向は無関係**に1秒当たりの進んだ距離であるのに対し、**速さに方向の情報を加えたものが速度**なのです。

次のように、直線上をクマちゃんA,Bが逆向きに同じ速さ3〔m/s〕で運動する場合を考えてみましょう。

右向きを（＋）に定めると、右に3m/sで移動するクマAの速度は符号を付けて次のように表すことができます。

クマAの速度＝＋3〔m/s〕

もちろん、左に進むクマBの速度も楽勝ですよね！

クマBの速度＝－3〔m/s〕

これからは、速度は記号でvと表します。(**記号は初登場ですね!!**)

vは速度を表す英単語**velocity**の頭文字です。

では、速度vを式で表現します。まず、次の図のように直線に沿って右向きを正(+)とする、x軸を与えて、クマちゃんのスタートの位置を原点($x=0$)に定めます。

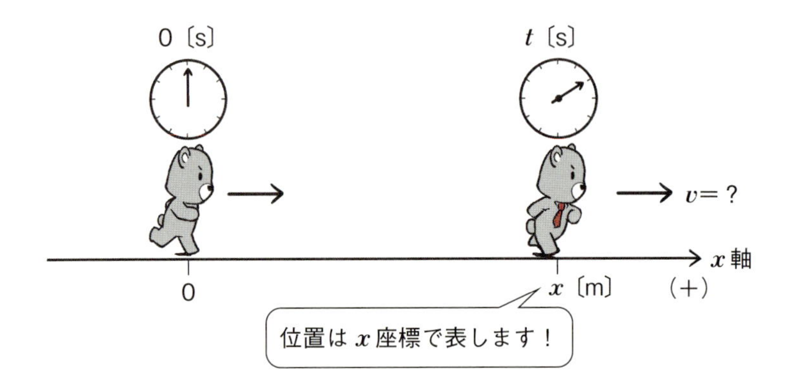

x軸上の原点($x=0$)を時刻$t=0$〔s〕からスタートしたクマちゃんが、t〔s〕後に座標x〔m〕に到達したとします。

つまり、t〔s〕に進んだ距離がx〔m〕だったのですが、速度vはどのように表すことができますか?

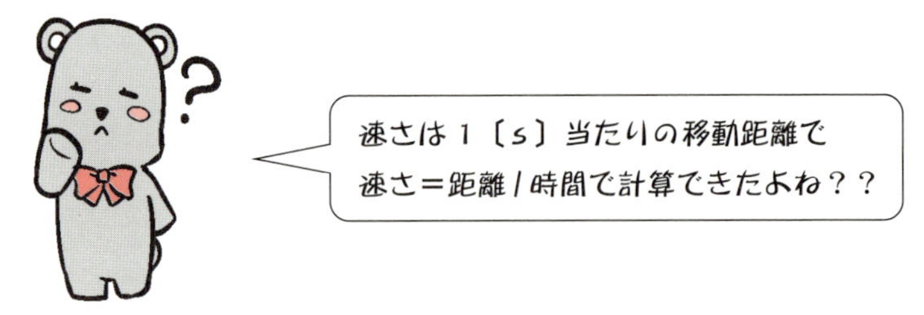

速度は1〔s〕当たりの移動距離として、次のように表すことができます。

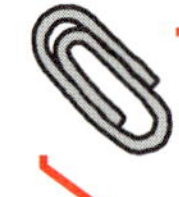

速度;$v=\dfrac{x\text{〔m〕}}{t\text{〔s〕}}$

上記の式をみると、

「なーんだ、速さ=距離÷時間と同じじゃないか!」

と思うかもしれませんが、速さとはちょっと違います。

分子のxは右に進む場合は+、左に進む場合は−となりますよね？

例えば、t=2〔s〕でx=−4〔m〕であれば、速度vは次のように計算できます。

$$速度\ v=\frac{-4〔\mathrm{m}〕}{2〔\mathrm{s}〕}=-2〔\mathrm{m/s}〕$$

上記の結果から速度vが−なので、速度vは左向きで2〔m/s〕が答えとなります！

等速直線運動

改めて、クマちゃんの速度vを表した式に注目します。

$$速度\ v=\frac{x〔\mathrm{m}〕}{t〔\mathrm{s}〕}$$

上記の式でどんな時間t〔s〕を選んでも、速度vが同じ値であった場合、その運動を等速直線運動と言います。

この世で最も単純な運動は何ですか？ と問われたら全く動かない状態つまり『静止』ですが、その次に単純な運動が**等速直線運動**なのです。

時間と共に変化するグラフを描いてみる

目の前で起きている現象をグラフに描いてみることは、とても重要です。例えば、ダイエットをしようと思ったら、日々の体重変化をグラフ化することで様々な情報を得ることができます。

等速直線運動の様子を見るために、次の図のように、縦軸に速度v〔m/s〕、横軸に時間t〔s〕を与えたグラフを考えます。

このグラフをv−tグラフと言います。

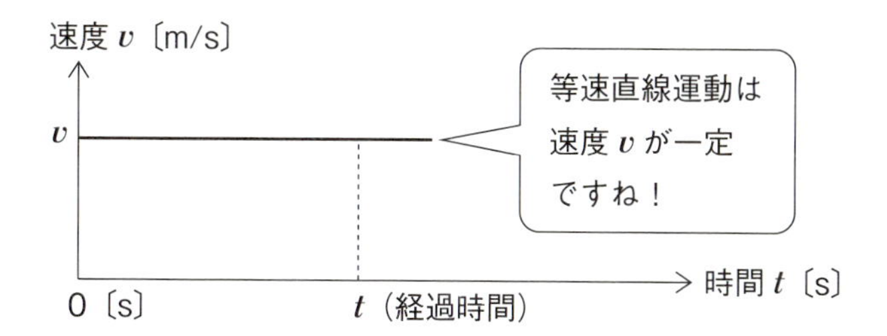

等速直線運動は速度vが一定なので、前ページ下図のように横一直線のグラフとなります。

では、このグラフから読み取れる情報は何でしょうか？ もちろん、速度vを読み取ることができますが、**速度以外の情報が隠されて**います。

速度$v=\dfrac{x〔\mathrm{m}〕}{t〔\mathrm{s}〕}$の両辺に時間$t$〔s〕をかけて移動距離（位置）$x$を求めると次のように計算できます。

t〔s〕間の移動距離（位置）；$x=v$〔m/s〕×t〔s〕

x〔m〕はこの$v-t$グラフの縦v×横tなので、グラフの面積ですよね！

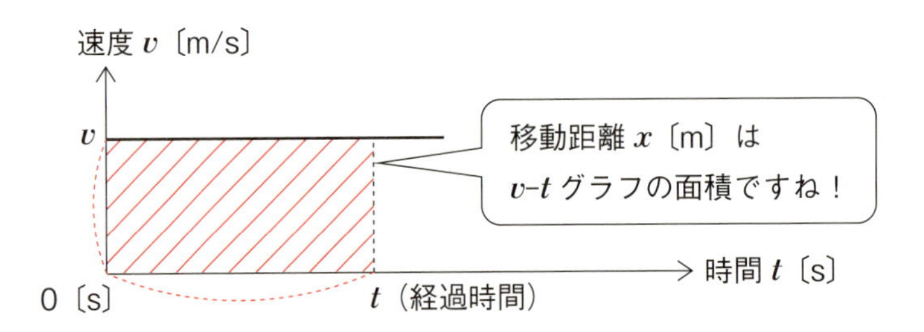

次の左下図のように、$v-t$グラフが時間tと共にどんどん変化する場合も移動距離x〔m〕はグラフの面積から読み取ることができるのです。

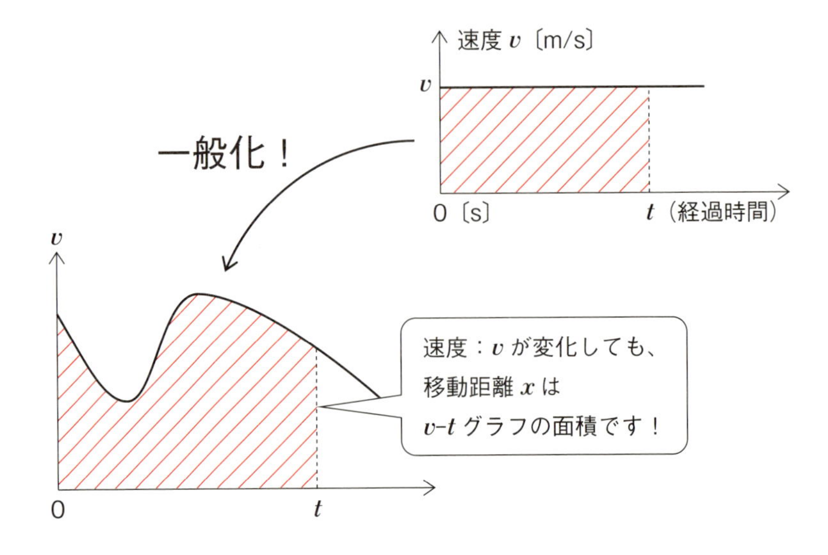

ところで、縦軸速度vは、単位時間（1s）当たりの移動距離xですよね？　ということは、グラフについて次のことがいえるはずです。

グラフの法則

縦軸に単位時間当たりの量（yとします）、横軸に時間tを与えたグラフの面積は、注目区間の量：yの合計を表す！

例えば、次の左図のように、蛇口からお風呂に水が注がれているとしましょう。

蛇口から1〔s〕当たりに注がれる水の量y〔ℓ/s〕が右図のように時間tと共に変化したとします。

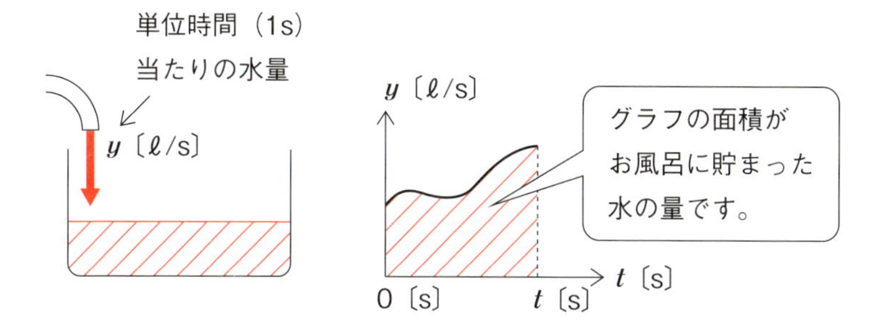

縦軸y〔ℓ/s〕は単位時間当たりの量なので、0〔s〕からt〔s〕の間にお風呂に貯まった水の量は、グラフの面積であることがわかりますよね！

おカネの世界もグラフが有効

縦軸に単位時間当たりの量、横軸に時間のグラフの面積から合計を読み取ることは、おカネの世界でも利用することができます。

次のグラフは、筆者の予備校講師の年収の推移の大まかな時間変化を表しています。

1989年当時、世の中はバブル真っ只中で年収も、驚くような勢いで伸びていることが読み取れます。

その後、バブル崩壊と受験生数の減少と共に坂を転がるように年収も急降下して現在に至っています。

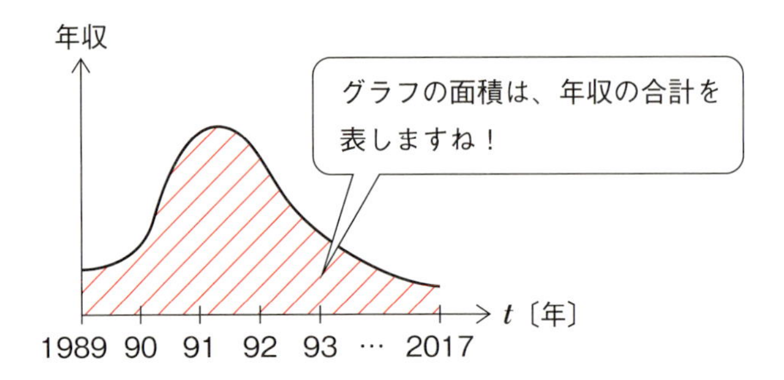

このグラフの縦軸は年収つまり1年あたりの収入を表し、横軸は単位が年で表す時間ですから、グラフの**面積から、注目する区間の年収の合計**を読み取ることができます。

このことから、**太く短くの人生**は、トータルで考えるとあまり得をしないことが読み取れます（涙）。

グラフの面積から合計を読み取ることは、ファイナンスの世界でも利用することができます。

次のグラフは2000年から2012年までのある大手自動車メーカーの**純利益**の推移のグラフを表します。このグラフから、どんなことが読み取れますか？

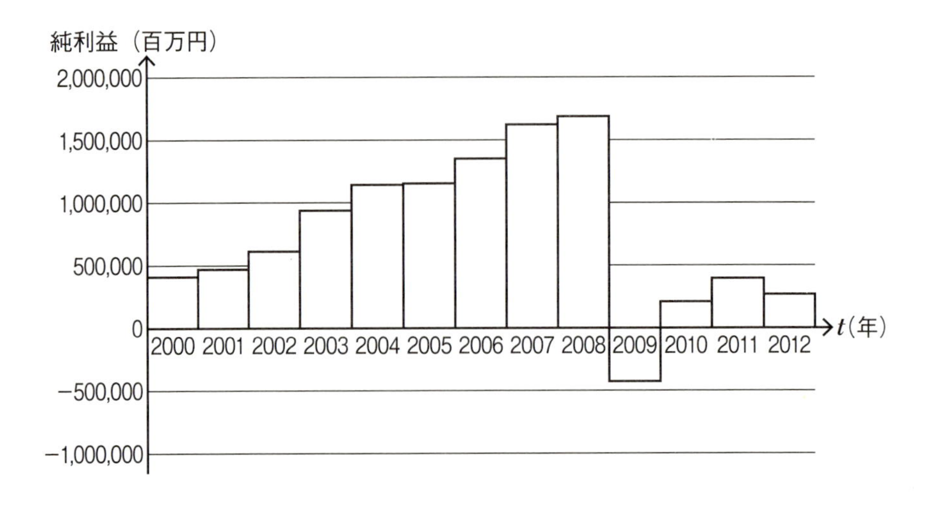

純利益が2008年まで順調に伸びているけど、2009年に落ち込んでるなあ…っていうのは、当たり前に読み取ることができますよね？

まず、**純利益は売り上げから費用（経費）を引き算したもの**です。

純利益＝売上－費用

ちなみに、グラフの縦軸は1年あたりの純利益です。つまり、縦軸は単位時間当たりの純利益、横軸は時間なのですからグラフの面積は純利益の合計を表しますよね？

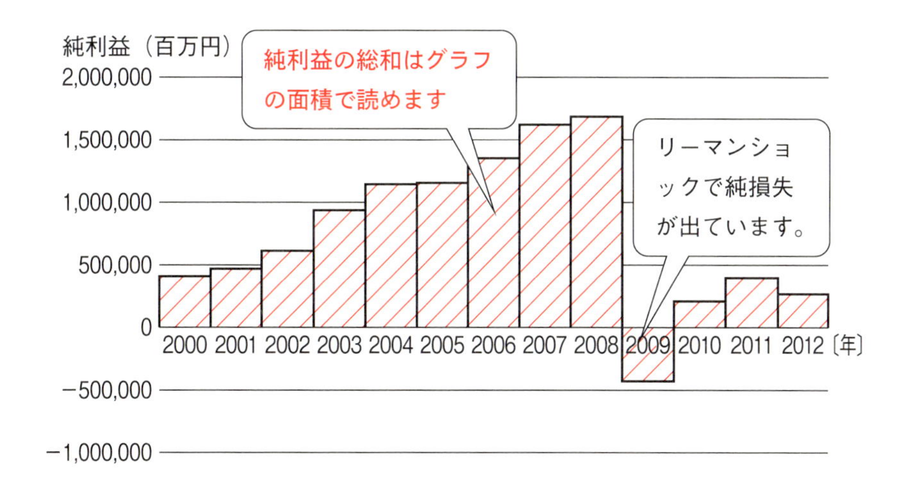

純利益の合計は資本の増加をもたらします！

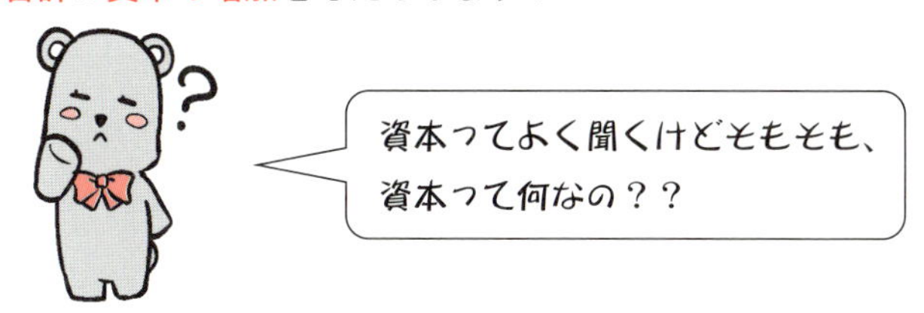

資本金とか資本家などのように、資本という言葉はよく聞きますがそもそも、資本は資産と負債の差で次のように表すことができます。

資本＝資産－負債

資産は、現金、預金、有価証券、不動産などです。

負債は、借入金、買掛金などです。

例えば、個人のレベルで考えてみましょう。

資産価値4,000万円の不動産と預金現金の合計500万円を所有するならば、資産合計は4,500万円です。

一方、住宅ローンの残債3,500万円があれば、3,500万円が負債ですから、

資本＝4,500万円－3,500万円＝1,000万円

となるわけです。

ただし、資本という言葉は日常生活でお目にかかることがないので、本書では、資本＝**純資産**と呼びます。

縦軸が毎年の純利益、横軸が時間のグラフの面積が純利益の合計であり、この合計は純資産（資本）の増加をもたらします。

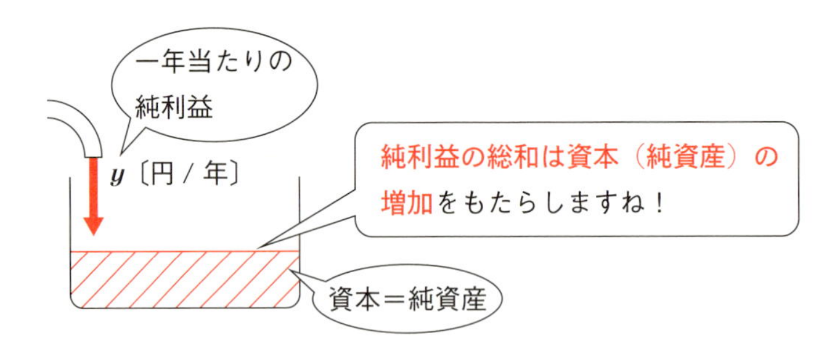

つまり、前ページグラフの2000年から2008年までに注目すると、グラフの面積が純利益の合計となり、この合計は純資産（＝資本）の増加となるわけです。

2009年は、純利益が－となっています。純利益が－というのは、**純損失**が生じたことを表します。

損失の理由はリーマンショックで車の販売台数が落ち込んだのが原因と考えられますが、**それまで積み上げてきた＋の面積が十分大きければ**、騒ぎ立てるほどの問題ではないことがわかりますよね？

しかしながら、純損失がずーっと続くのは次の図のように、お風呂に貯まった水

に例えると排水口から水が出ていくことと同じなので、法人の経営危機を迎えることになります。

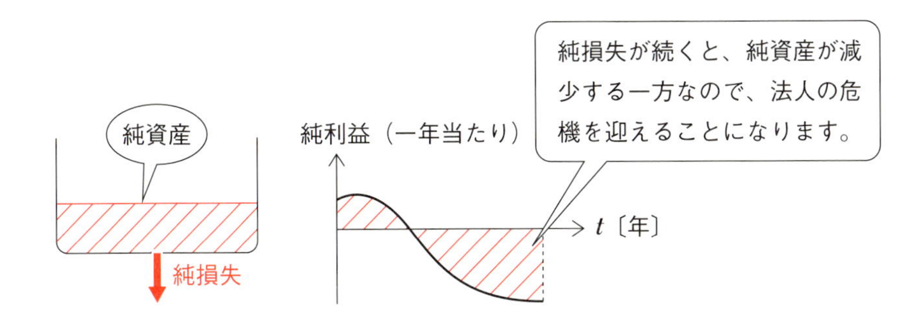

さて、ここまではグラフの面積に注目してきましたが、グラフのもう一つの側面である**傾き**に注目します。

ふたたび物理の世界に戻り、**加速度**が登場です。

グラフから読める3つのこと

加速度a

加速度は、英単語accelerationの頭文字でaと表します。車を加速する場合、**アクセル**を踏むって言いますよね？

速度vは1〔s〕当たりの移動距離でしたが、加速度aは、ずばり**1〔s〕当たりの速度の増分**です。

例えば、次の図のように、x軸上を右向きに移動するクマちゃんの運動を考えます。

$t=0$〔s〕の速度が3〔m/s〕だったのが、2〔s〕後に速度が7〔m/s〕に増加したとしましょう。

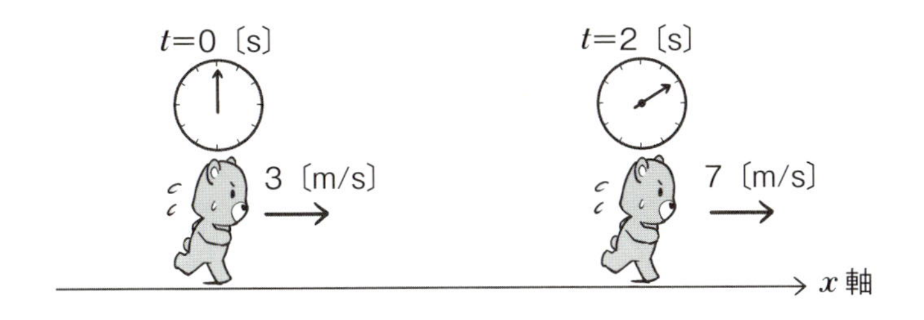

2〔s〕間に速度は、7−3〔m/s〕だけ増加しているので、加速度aは速度の増加を、経過時間2〔s〕で割って次のように計算できます。

$$a=\frac{\text{速度の増分［m/s］}}{\text{時間［s］}}=\frac{7-3\ \text{［m/s］}}{2\ \text{［s］}}=2\ \text{［m/s}^2\text{］}$$

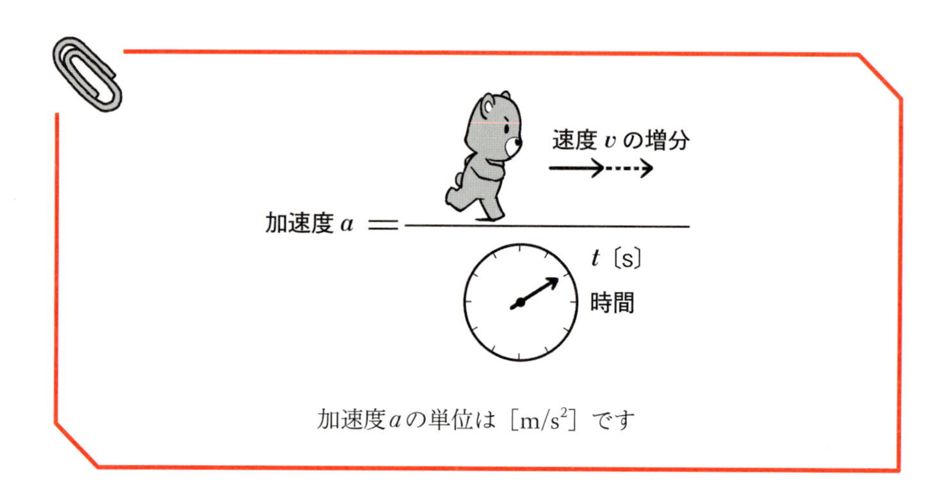

加速度aの単位は［m/s^2］です

ここでもし、クマちゃんの加速度が一定だったとします。つまり、上記で計算した加速度aがずーっと2［m/s^2］の場合です。

直線上で加速度が一定の運動を、**等加速度直線運動**と言います。等加速度直線運動のイメージをはっきりさせるために、**$v-t$グラフ**を描いてみます。

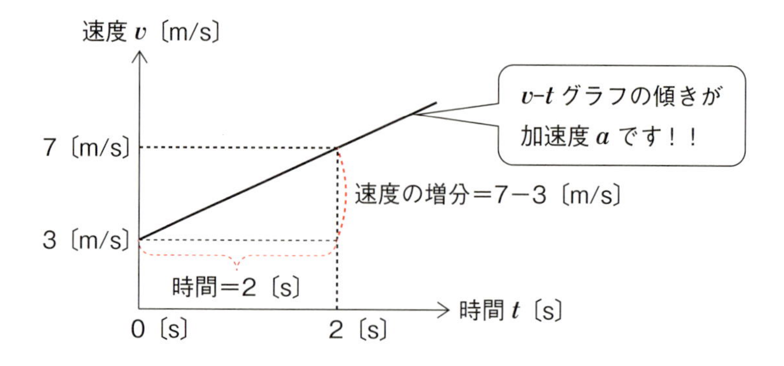

加速度a＝速度の増分/時間は、左下図をみてわかるように**v−tグラフの傾き**であることがわかりますよね！

等加速度直線運動は、加速度a（＝v−tグラフの傾き）が一定なのだから、**v−tグラフの傾きが一定**ですよね！

加速度aは**単位時間当たりの速度vの増加**ですが、**単位時間当たりの増加を増加率**という言葉を使って表すと、v−tグラフの傾きは速度vの**増加率**と言っても良いですよね？

グラフの法則

縦軸に単位時間当たりの量（yとします）、横軸に時間tを与えたグラフの傾きは、yの増加率（単位時間当たりの増加）を表す！

ですから、縦軸に単位時間当たりの量y、横軸に時間tを与えたグラフは3つの情報を読み取ることができます。

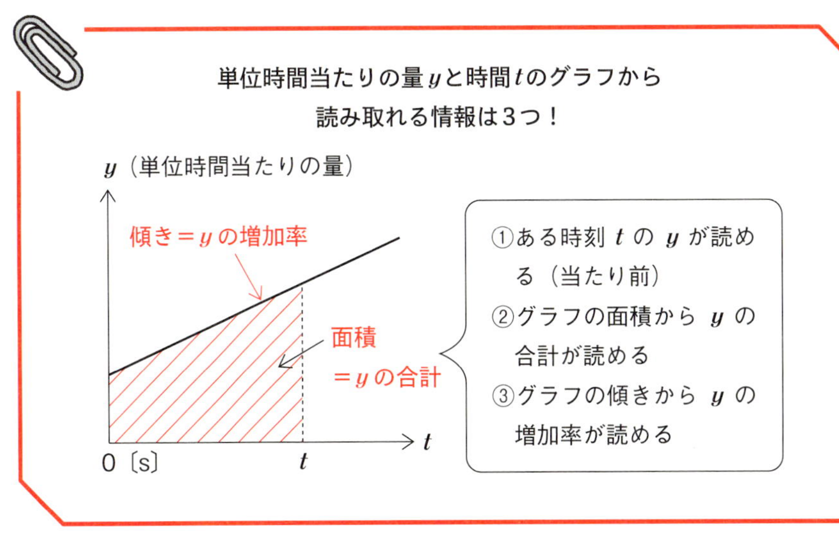

等加速度直線運動の移動距離x

改めて**等加速度直線運動**に注目します。0〔s〕の速度をv_0と表します。vの右下の0の記号を**添え字**と言い、0〔s〕の速度を表し**初速度**と呼びます。

t〔s〕後の速度をvと表すと、クマちゃんの加速度aは、**1〔s〕当たりの速度の増分**ですから、速度の増分$v-v_0$を経過時間t〔s〕で割り算し、次のように表すことができます。

$$加速度\ a=\frac{v-v_0}{t}$$

上記の式の分母tをはらうと、速度の増分$v-v_0$は次のようになります。

速度の増分；$v-v_0=at$

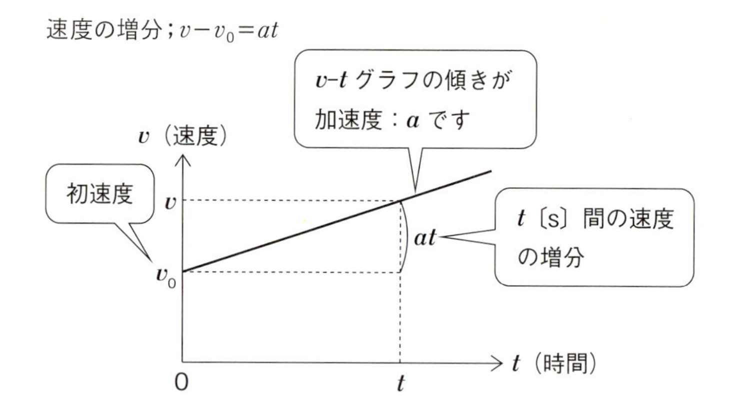

等加速度直線運動するクマちゃんのt〔s〕の**移動距離**：x［m］を求めることを考えます。

移動距離xは$v-t$グラフの面積ですよね？ $v-t$グラフとt軸で囲まれた面積は、台形なので、（上底＋下底）×高さ÷2で計算できますが、ちょっと工夫して次の図のように、黒斜線の長方形と、赤斜線の三角形に分けてみます。

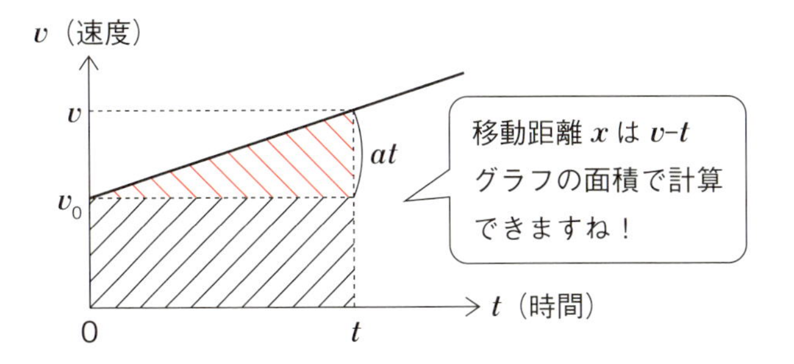

$$長方形の面積（黒い斜線）=v_0\times t$$

$$三角形の面積（赤い斜線）=\frac{1}{2}\times t\times at=\frac{1}{2}at^2$$

車の**移動距離**：x［m］は、長方形の面積（黒い斜線）$=v_0t$と、

$$三角形の面積（赤い斜線）=\frac{1}{2}at^2$$

の和であり、次のように表すことができます。

$$t［s］後の位置（移動距離）\quad x=v_0t+\frac{1}{2}at^2$$

つまり、vの増加率（＝加速度a）が一定の場合、移動距離xは**時間tの2次関数**となるので、グラフ化すると次のようになります。

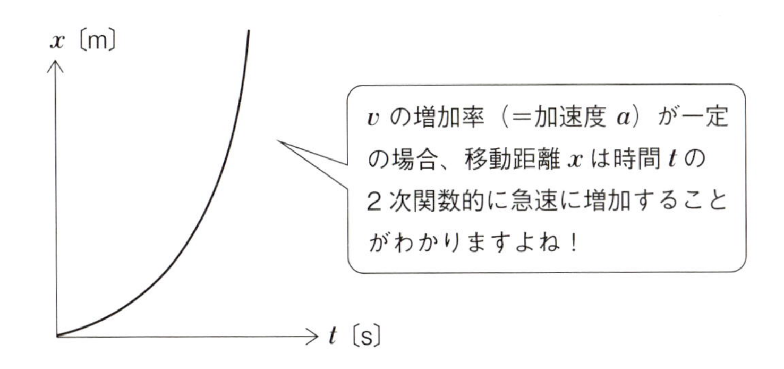

さてここまでは、物理の話でしたが、ここから**おカネの話**をしたいと思います。

金持ちがますます金持ちになる理由

等加速度直線運動の場合、位置xは次のようにtの2次関数で表されることがわかりましたよね？

$$x = v_0 t + \frac{1}{2} a t^2 \quad \cdots\cdots①$$

上記の式を利用すると、お金儲けのカギが見えてきます。

もし企業の純利益y〔円/年〕が次のグラフのように初年度の純利益y_0を保って変化なし、つまり加速度aが0だったとします。

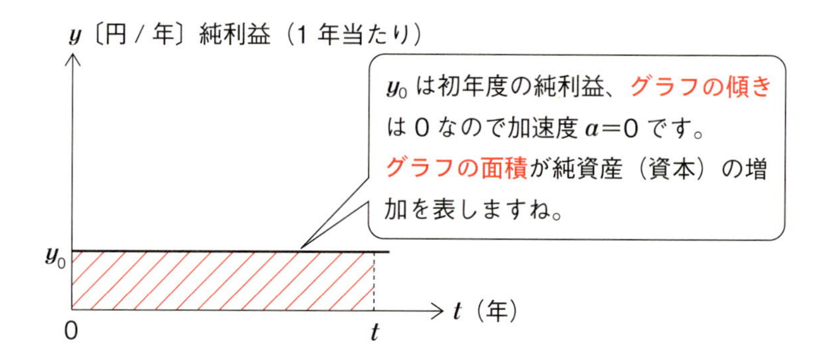

純資産（資本）の増加をAと表すと$A = y_0 t$と表すことができますので、純資産（資本）は次のグラフのように時間tと共に直線的に増加することがわかります。

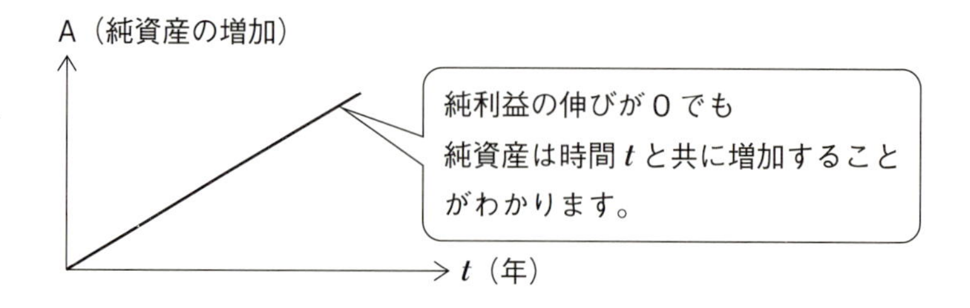

企業の純資産が増加するのだから、着実に企業が成長していることは間違いありません。

ただし、です。もし、急速に企業を成長させようと思ったら、純利益は前年に比べて常に増加させることが必須となります。

このことを、①式を用いてご説明したいと思います。

話を簡単にするために、企業の純利益y〔円/年〕が次のグラフのように一定の割合で増加しているとします。

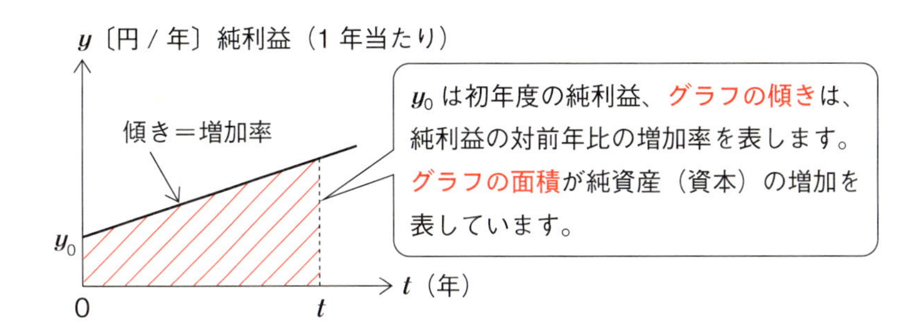

毎年一定の割合で純利益が伸びる場合、企業は急激に成長するはずです。なぜなら、純利益のグラフの面積が純資産の増加となりますよね。

純資産の増加をAと表すと、これはまさに等加速度直線運動の位置xと同じように時間tの2次関数として増加するわけです。

$$\text{等加速度直線運動の位置；}x=v_0t+\frac{1}{2}at^2$$

$$\text{純資産の増加；A}=y_0t+\frac{1}{2}at^2$$

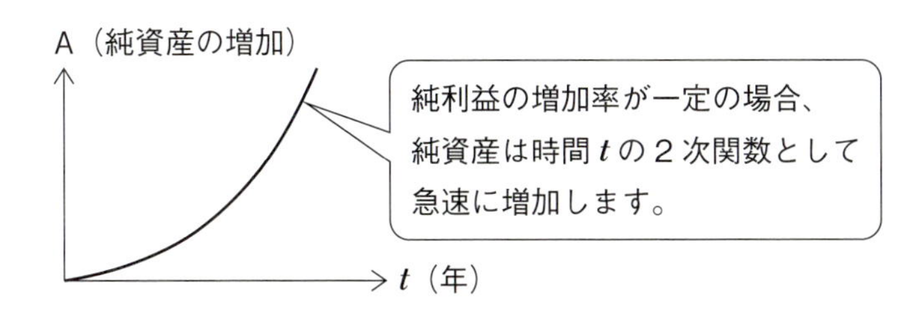

上記の結果はもちろん、個人の純資産の増加に当てはめることができます。つまり、**純利益＝収入－支出**が前年に比べて常に増加しさえすれば、個人の純資産（資本）は時間tと共に急速に増加するのです。

このことを理解し、実行するだけで、筆者も読者の皆さんも**あっという間にお金持ちになれるはずです！**

やっと、儲かる物理らしくなってきましたね！！

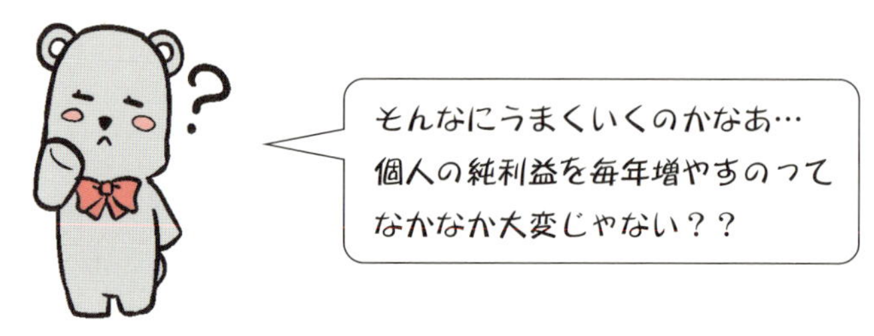

個人の**純利益を増やすには、①収入を増やすか、②支出を減らすか**の2通りありますが、会社に勤めているような場合を例とすると、給与所得を一定の割合で増やしたり、支出を一定の割合で減らすのは、難しいですよね？

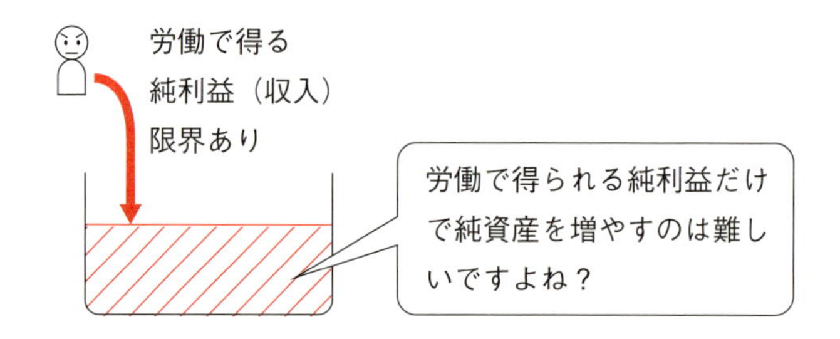

そこで、次の図のように、純資産の一部を純利益を生む資産に変えてそこから不労所得を得ることを考えます。

以後、純利益を生む資産を**金のなる木**と呼びます。

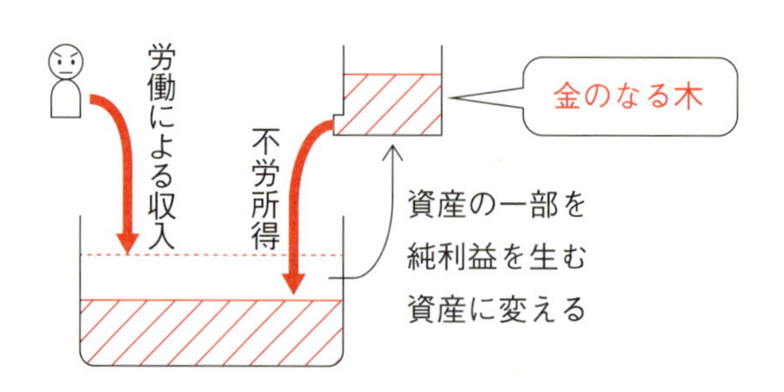

純資産が増えるのに応じて、金のなる木を増やすとそこから得られる不労所得は、時間と共に増加します。

純利益が右肩上がりに増加しさえすれば、純資産は時間と共に急激に増加することになります。

まさに、お金持ちがますますお金持ちとなる理由がここにあるわけです。

読者の皆さんは、次のように思われるかもしれません。

「その、金のなる木は一体どこにあるのだ！！」

よくぞ、聞いていただきました！ 以降の章で物理的思考力を最大限に生かして、金のなる木を探す方法を示すのです。

まさに、本書の意義がこれから問われるわけです（笑）。

コラム　日本人名の単位

第1章で登場した次元に距離（長さ）がありましたが、単位は〔m〕ですよね。

実は、日本人の名前が付いた長さの単位があるのです。原子核の大きさである10^{-15}〔m〕を1〔ユカワ〕と言います。日本人で初めてノーベル賞を取った物理学者、湯川秀樹博士にちなんだ単位です。

原子核は、＋の電荷をもつ陽子と電気量0の中性子からなりますが、とても不思議な構造です。なぜなら1〔ユカワ〕の狭い世界で、＋の電荷を持つ陽子は反発しあうので、静電気力だけを考えると原子核はあっという間に爆発してしまうはずです。

核の中では、静電気力だけでは説明できない力が必要となります。湯川秀樹博士は、日中だけでなく布団に入ってからも原子核を支配する力を考え続けました。

そして、ついに陽子と中性子の間で「中間子」とよばれる素粒子のやり取りによる原子核を支配する力の理論を発表しました。

その2年後にアメリカのアンダーソンの実験によって、中間子が本当に存在することがわかりノーベル賞を受賞したのです。

湯川博士は、いつも枕元にノートを置いて思いついたことはすぐに書き留めたそうです。

寝入りばなに良いアイディアを思い付いても、翌朝まったく思い出せなかった経験ってありますよね？？

筆者は、湯川博士を見習って思い付いたことはすぐに、スマートフォンを通して記録に残すようにしています。

後で思いがけない発見につながるかもしれないので。

第2章

ニュートンからはじまる物理的思考法

前章では、速度vと加速度aを考えましたが、登場した次元は**長さ**と**時間**の2つのみです。ここでは**質量**が新たに登場し、**長さと時間と質量の3つの次元**全てが出揃います。

本章では、**物体に働く力と運動の関係**に注目します。力と運動の関係を最初に解き明かしたのがイギリスの物理学者、**アイザック・ニュートン**です。

時は1665年に遡ります。当時ニュートンはケンブリッジ大学の学生だったのですが、ロンドンでペストが大流行したために、大学が閉鎖となります。

このためニュートンは1年半故郷に帰ります。長い休暇ですねえ…

1年以上の休暇があったら読者の皆さんは、どのように過ごしますか？

休暇の1年半の期間にニュートンは、力学の法則や反射型望遠鏡をはじめとする光学の発見を行っています。

この業績を見ると、やはり長期の休暇が必要なんだなとつくづく実感します。まあ、筆者の場合、休暇を取ったからといって何か業績が残せるとはとても思えないのですが…。

1年半の休みの期間に考えた力学の法則を、1687年に『**Principia**』（**プリンキピア**）というタイトルの書物を通じて発表したのです。

ニュートンは**微分積分**の発明者であり、微積を用いて運動の法則を明らかにしたのですが、プリンキピアは誰にでも理解できるように数式をほとんど使わずに文章と幾何学で記述されています。

さて、今回はニュートンの考えた**運動の三法則**と**万有引力**を通じて、**物理的思考力や発想力**をご説明したいと思います。

運動の三法則

運動の第一法則；慣性の法則

ここで突然問題です。

問題

もし物体に全く力が働いていない場合、物体はどのような運動をしますか？

物体に全く力が働いていない場合
どのような運動をするのでしょう？

簡単！力がなかったら動かないよね？？

力がなければ動かない、つまり静止したままというのは当然ですよね？
ところが、力学の第一法則は次のように書かれています。

力学の第一法則（慣性の法則）

物体に働く力がなければ、静止するか等速直線運動の状態を続ける

なんと、力がなくても運動する場合があるってことなのです。例えば、次の図のように、初めから速度vを持っている場合、力がなければその速度vをずーっと保

った**等速直線運動**をするのです。この法則を**慣性の法則**と言います。

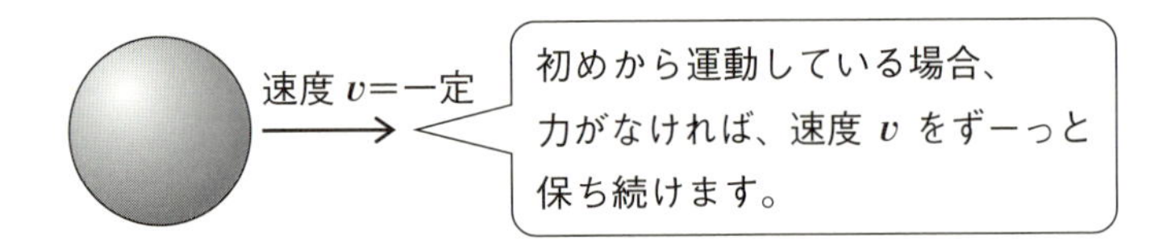

動力なしに物体が動き続けるのは、ある意味不思議な話です。この**慣性の法則**を最初に思いついたのが**ガリレオ**です。

ガリレオは次の図のような左右の斜面が水平面と滑らかにつながれた台を用意し、左側の斜面から鉄球を転がすと右側の斜面を駆け上がり、スタートとほぼ同じ高さまで到達することを実験で確かめました。

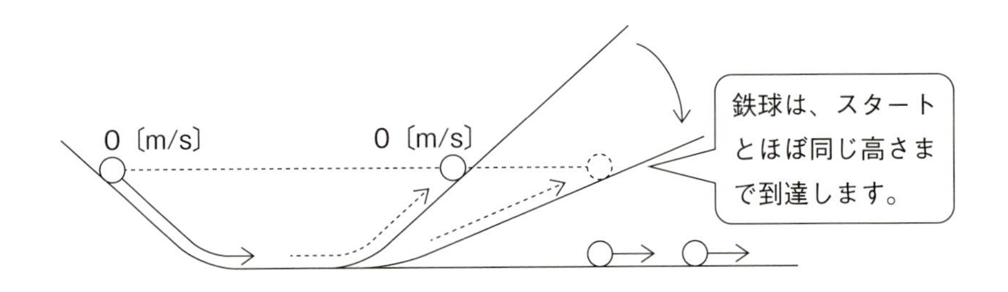

右側の斜面の傾きを小さくすると、鉄球は先ほどより遠くに進むのですが、やはり同じ高さまで到達することがわかります。

ここで、ガリレオは次の思考実験を行います。

もし、右側の斜面がなく水平面が続いたらどうなるか？物体はスタートと同じ高さを求めて、ずーっと遠くまで同じ方向に移動を続けるだろう。つまり、**力が働いていなくても物体は動き続ける**ことができるじゃないか！この思考の過程はまさに**物理的思考**のプロセスです。本章では**3つの物理的思考法**を示しますが、まずは（**その1**）です。

物理的思考（その1）　思考実験

①実験や目の前で起きている現象を観察する

⇒鉄球がスタートと同じ高さまで到達する！

②状況を変化させたり違う状況を観察し**共通の法則**を見出し、必要ならば式で表現

⇒斜面の傾きを変えても同じ高さまで到達する！

③実験が不可能な場合は**思考実験**を行う（**脳内でシミュレーション**）

⇒斜面がなく水平面が続いたら物体はずーっと遠くまで移動するんじゃね？

④一般的な法則を示し、再度現象と照らし合わせて合っているかどうかを検証

⇒慣性の法則（物体に力がなければ、静止か等速直線運動）

この物理的思考力は、**様々な問題を解決するのに役に立つ**のでぜひ覚えておいてください。

ちなみに**慣性の法則**ですが、静止した物体は何もしなければ静止したままだし、動いている物体は何もしなければそのままの状態を保つということです。これは日常生活でも経験することではないでしょうか？

筆者の経験を例に挙げるならば、原稿を書くときパソコン上のファイルを開くまでが遠い道のりです。

なかなかファイルを開くことができず、そのままほったらかしにすると全然仕事が始まらないのです。いつまでも仕事したくないなあ、という状況が続きます。

まさに、**静止した物体は、何もしなければ静止したまま**なのです。

それが、ファイルを開き書き始めると、つまり仕事が動いてしまいさえすればあまり意識しなくても前進することができます。

慣性（かんせい）という言葉は**惰性（だせい）**という言葉とよく似ています。筆者はこの2つ言葉は、ほぼ同じ意味を持つのではないか？と密かに思っています。

企業の規模が大きくなると、変化を嫌い**現状維持**でいいんじゃね？って気持ちが社員に生まれる場合があります。これはまさに惰性的な考えであり、慣性の法則の例と言えるでしょう。

物体を変化させるには、外から力を与える必要があるのです。

この力を加えた場合の運動の変化を表したものが、次の**第二法則**です。

運動の第二法則；運動方程式

またまた問題です。

問題
もし物体に力が働くと、物体はどのような運動をしますか？

物体に力を加えると動く…間違いないでしょう！ところが、ニュートンは、次の思考実験を行います。

空虚な宇宙空間に鉄球があり、力を加え続けるとどうなるのか…

物体に力を加えると、ただ動くだけじゃなくてだんだん速度vが増してくんじゃね？つまり、加速度を持つのでは？と考えます。

次の図のように質量m〔kg〕の静止している物体に力を加えます。力を表す英単語forceの頭文字で力の大きさはFと表します。

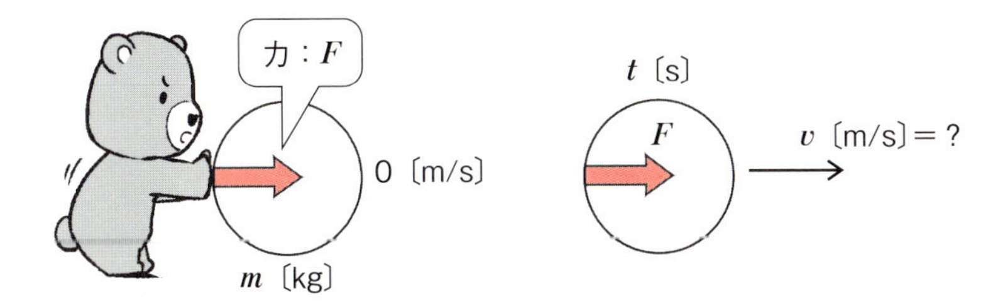

力を加えてt〔s〕後の物体の速度がv〔m/s〕まで増加した場合、速度vは何で決まりますか？

ある現象を数式で表そうとする場合、まずは**比例、反比例**で攻めるのが基本と考えてください。

yがxに**比例**するならば、比例定数をaとして、次のように表すことができます。

yがxに比例⇒$y=ax$

yがxに**反比例**するならば、比例定数をbとして、次のように表すことができます。

yがxに反比例⇒$y=\frac{b}{x}$

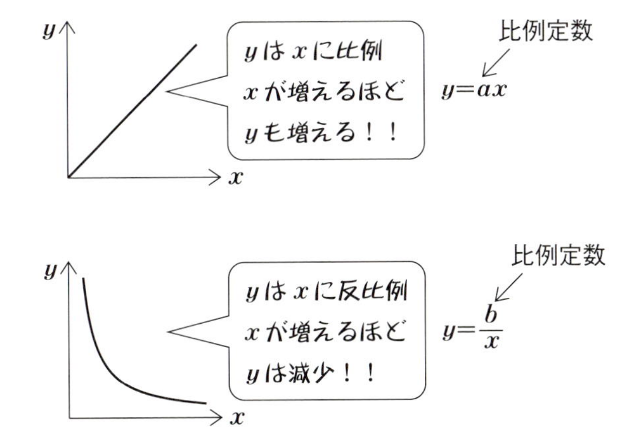

では、力Fをt〔s〕加えた後の物体の速度vは何で決まるかを考えます。

①力Fを大きくするほど、速度vは増えるはず

⇒vは力Fに比例と予想

②力Fを加える時間tが長いほど、速度vは増えるはず

⇒vはtに比例と予想

③重たい物体って動かしにくい

⇒質量mが大きいほど、速度vは減るはず

⇒vはmに反比例と予想

①、②、③まとめて速度vを式で次のように表すことができそうです。

$$速度；v=F\times t\times\frac{1}{m}$$

ちなみに、上記の式の比例定数は1とします。どういうことかと言うと、速度の単位は〔m/s〕、質量mの単位は〔kg〕、時間tの単位は〔s〕に対して力Fの単位だけ定まっていないのです。そこで、比例定数が1となるように力の単位を決めようって考えるのです。

上記の式を力Fについて求めると、次のように表すことができます。

$$力；F=m\times\frac{v}{t}$$

上式の$\frac{v}{t}$は初速度が0なので、分子のvは、**速度の増分**です。つまり$\frac{v}{t}$は、速度の増加を時間tで割り算したものですから、**加速度a〔m/s^2〕**を表しています。すると、次のように変形することができます。

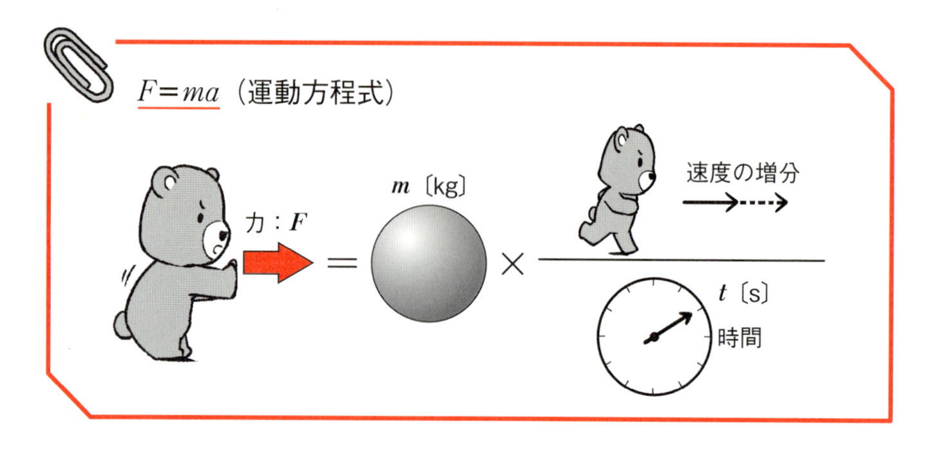

$F=ma$の式を運動方程式または、運動の第二法則と言います。運動方程式$F=ma$が正しいかどうかは、実際に起こっている現象と照らし合わせる必要があります。

野球のボールがどこまで飛ぶかとか、ロケットを打ちあげて月に向かうなどの運動はすべて上記の運動方程式で矛盾なく説明できるのです。つまり運動方程式は、様々な現象を説明できるので正しいと考えることができます。

わずか、3文字で表現された運動方程式ですが、世界を変えた式と言って良いでしょう。

力Fの単位は$F=ma$の右辺と同じですから〔kg m/s^2〕と表すことができますが、ちょっと長いのでニュートンの名前を使って〔***N*；ニュートン**〕と言い表します。

ところで運動方程式$F=ma$は物体の運動に限らず、一般社会の世界にも通用する式であると筆者は考えています。これを次に説明します。

収穫逓減の法則

前章では企業の純利益の対前年比の増加率と加速度aが対応していることを示しましたよね？純利益の伸びが企業の成長をもたらします。

では、どのようにすれば企業は成長することができるのでしょうか？

これは、様々な方法が考えられますが、社員を増やして一人一人の力を合わせる方法があります。

ところが、人員を増やしても業績が伸びない場合がありますよね？経済学では、

コラム　一番困る質問

物理を教えて一番困る質問は、ズバリこれです！

「先生、力って何ですか?」

この質問は、背中に冷や汗を感じながら、次のように答えます。

「うーん…現在発見されている力は、万有引力、電磁気力、強い相互作用、弱い相互作用の4つがあるのだがこの4つの力はまだ統一されてなくて…まあ、俺も力の本質はよくわからないんだ」

力そのものを答えるのは、チョー難しいのです。しかし、運動方程式を利用するならば、力とは$m \times a$に等しいので、力の正体が何かわからなくても、**物体が加速度を持ったら力が働いている**と認識できることになります。

この現象を「**収穫の逓減**」と言います。

なぜ、そのような現象が起きるのでしょうか？

運動方程式$F=ma$を、加速度aについて求めると次のように表すことができます。

$$加速度；a=\frac{F}{m}$$

上記の式を企業の成長に当てはめると、**加速度aは純利益の増加率**、**力Fは目標に到達するための一人一人の働きの総和**と考えることができます。

では、企業の成長において質量mに相当するものは何でしょう？加速度は質量mに反比例するので、**質量mは物体の運動を邪魔する要因**であると考えることができます。

企業の成長を妨げる要因は、建物のテナント料や人件費、光熱費、社会保険料をはじめとする福利厚生費などの費用ですよね？

しかし、もっとも足を引っ張るのは成長にタダ乗りする社員の存在ではないでしょうか？

262の法則というものがあります。これは働きアリに例えるならば、2割は必死に働くアリ、6割はそこそこ働くアリ、残り2割は全然働かないアリです。

全然働かないアリはまさにタダ乗りする社員であり、成長を妨げる要因となります。

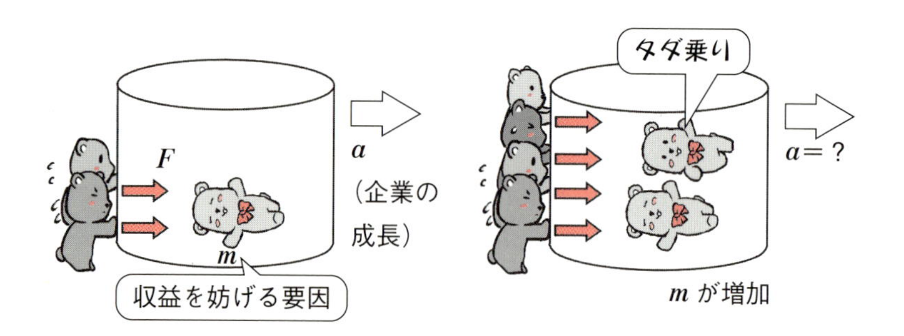

社員の数が少ないと、経営者の目が行き届くのでほとんどの社員は必死に働くでしょうが、社員数が多くなるほどタダ乗り社員が増えて質量mが増えることになります。

次章で登場しますが、筆者は銀座で飲食店を営んだことがあります。アルバイトの人間が増えたからと言って、利益がそれに比例して増加することは決してなかったのです。

社員の人数が増えると成長に向かう力Fは増加しますが、成長を妨げる質量mも増えるので、企業の成長は頭打ちになりそうですよね。

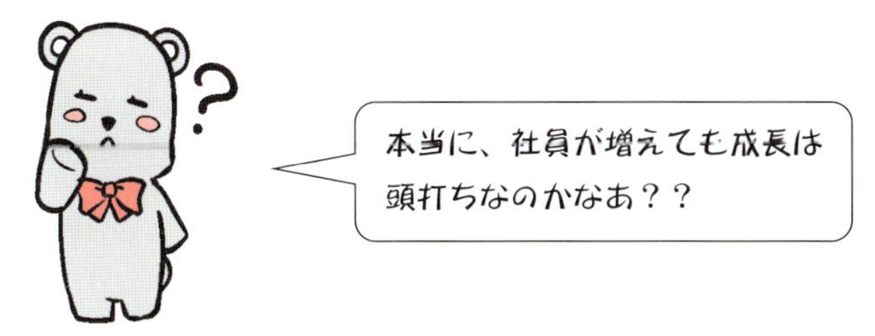

「収穫の逓減」を運動方程式で説明すると次のようになります。**ここから先は、筆者の独断でスズキ式とします。数式が苦手な読者の皆さんは読み飛ばしてもかまいません。**

収穫逓減の法則(スズキ式)

企業の成長に必要な力Fは、社員数Nに比例すると考えることができます。比例定数をαとすると、Fは次のような式で表すことができます。

企業の成長に必要な力;$F=\alpha N$ …①

一方、成長を邪魔する要因の質量mに相当する値は、人員の数Nが増加するほど、262の法則を出すまでもなくmは増加します。

社員数Nが0人でも、企業を運営するためにはテナント料や、法人税の均等割り税などがあるのでmは0とはなりません。

そこで$N=0$の場合の質量mをm_0と表すと、質量mは、社員数Nを用いて次のように表すことができます。

質量(企業の成長を邪魔する要因);$m=m_0+\beta N$ …②

運動方程式$F=ma$を加速度aについて求めた式$a=\frac{F}{m}$に①、②を代入すると次のようになります。

$$\text{加速度(純利益の伸び)}\ a=\frac{F}{m}=\frac{\alpha N}{\beta N+m_0}$$

上記の分数式の分母と分子を社員数Nで割ると、次の式が得られます。

$$a=\frac{\alpha}{\beta+\frac{m_0}{N}}$$

上式のNつまり社員数がどんどん大きくなると、$\frac{m_0}{N}$は0に近づきますので、加速度aは$\frac{\alpha}{\beta}$を漸近線とする次のようなグラフとなります。

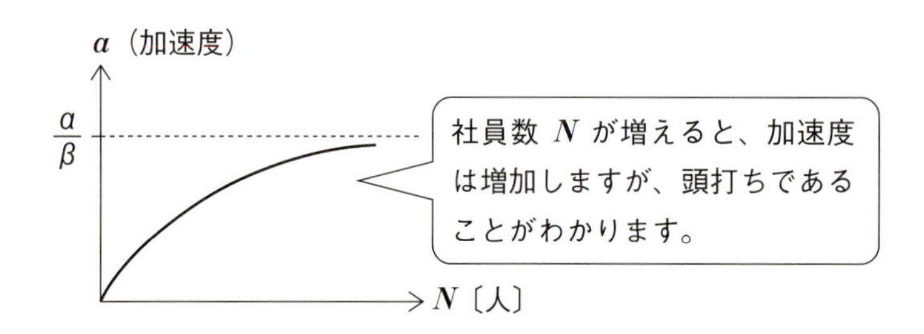

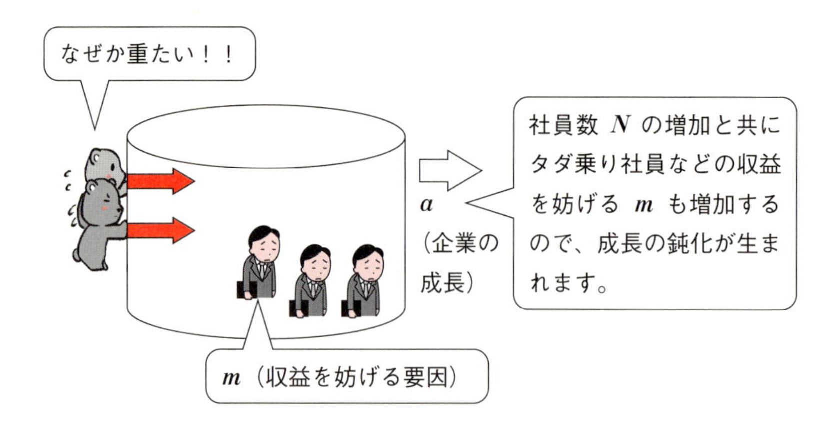

上図のように、社員数Nが増加すると加速する力Fも増えると同時にタダ乗り社員等の収益を妨げる要因mも増えるので、企業の成長aが鈍化することが運動方程式で説明できることがおわかりいただけるでしょうか。

究極の企業

本当に企業の純利益の増加つまり加速度aの増加を目指すのならば、**質量mを減**

らしながら力Fを増加させれば良いのです！

そんな虫の良い方法があるのか？と思うかもしれませんが、次の手順を考えます。

究極の企業

①社員を雇用することをやめて、究極は社長１人だけの会社を目指す

②成長に必要な力Fは必要に応じて仕事をアウトソーシングする

すでに多くの企業が、正社員を減らして契約社員の割合を増やしているのは読者の皆さんもよくご存知のことと思います。

筆者が係わっている予備校業界でもこの流れがあります。ある地方の予備校で講師全員の契約を雇用から法人契約に切り替えるという大胆な話を同業者から聞きました。

予備校にとってのメリットは、まず社会保険（予備校では私学共済ですが）や源泉徴収等の雇用に伴う事務手続きが不要となることです。

予備校が成長する場合だけ、法人契約の講師の力を借りながら、不要と思われる講師は契約を解除するだけなので経営者にとっては質量mの増大から解放されるのです。

講師の側から見ると身分保障が失われるので、生活が不安定となる可能性が増大しますが、法人化はデメリットばかりではなくメリットがあることを第10章でご説明したいと思います。

今後、予想されることを**スズキの予言**として書きます。

スズキの予言

企業と個人との雇用関係は次第に崩壊し、経理や総務等の部署はどんどんアウトソーシングされる。業務委託契約をはじめとする個人事業主、法人が増加する

これからは、雇用関係に守られてその環境に慣れ親しむのは非常に危険な状態となるでしょう。組織の枠を外した場合、自分にどのような能力が残っているかを常に考える必要があると筆者は思います。

運動の第三法則；作用反作用の法則

次の図のようにクマAがクマBを大きさFの力で押しています。この瞬間にクマBはクマAを同じ大きさFで押し返すのです。

2物体がある場合に成り立つ関係で、この法則を作用反作用の法則と言います。

第三法則を身をもって経験したのが筆者が小学6年生の時です。当時、生徒会長のO君と小競り合いになりO君の体を右の掌で突き飛ばしてしまいました。その瞬間、掌に激痛が走ったのです。O君が感じた作用による痛みを筆者は反作用として感じたわけです。

あれから、時は流れ40年後にO君に再会することができました。あの時は本当に申し訳ないと謝ったのですが、O君に全く記憶がないと言われてちょっと残念な思いをしました。

もっと、身近に作用反作用が欠かせない場面があります。それは、歩くという行為です。前進する力は、自分の脚力と思いがちですが、人間を前進させるのは、地面からの摩擦力です。

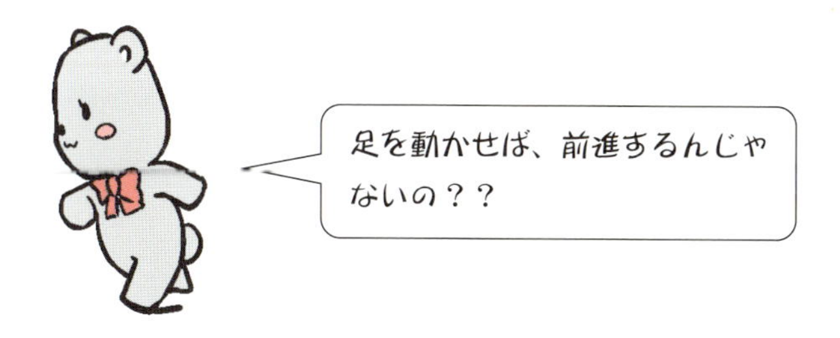

足を動かすと前進できるというのは、答えになっていません。歩くという行為を細かく分解すると次のようになります。

①人間の足が地面を押します。この力の大きさをFとします。
②人間の足は地面からFの反作用を受けます。
③反作用の水平成分は**摩擦力**なのですが、この摩擦力によって人間は前進できるのです。

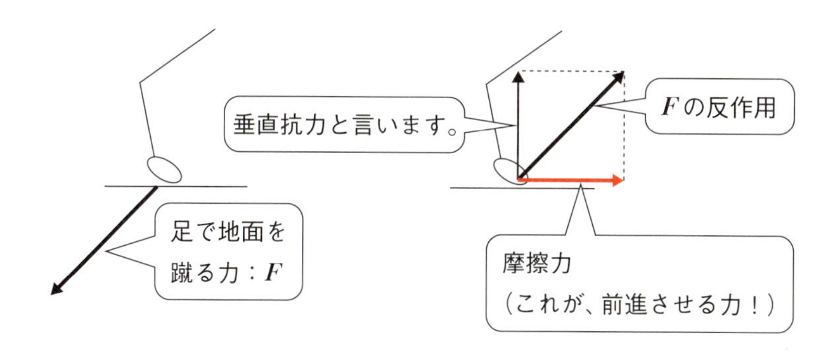

自分が前進しようと思ったら、自分以外の何かに作用を働きかけてその反作用で動くことができるのです。

筆者は予備校で30年以上講義をしているのですが、こちらが一方的に講義（**作用**）を行うだけでは成長がありません。生徒からのリアクション（**反作用**）があって初めて講師として成長できると実感しています。

万有引力の発見

次の図のように、質量m〔kg〕のリンゴが落下しています。落下するリンゴはドンドン速度が増加するので下向きの加速度aを持ちます。

加速度を測定すると、9.8〔m/s^2〕でこの値を**重力加速度**と言い英単語のgravitational accelerationの頭文字を取って$\boldsymbol{g}$と表します。

運動方程式$F=ma$より、リンゴは下向きの加速度$a=\boldsymbol{g}$を持つので下向きの力Fが働くはずです。

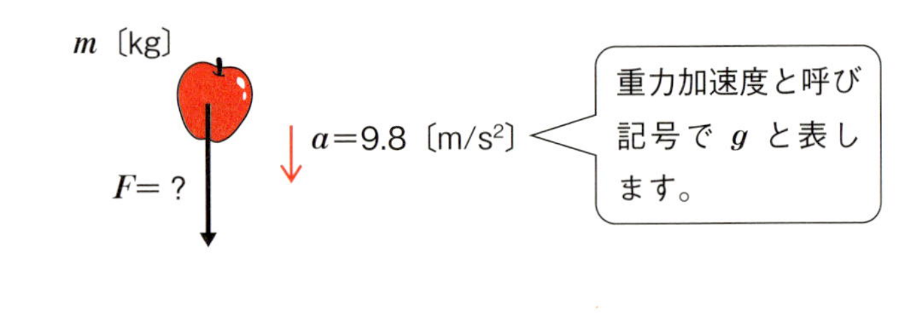

運動方程式$F=ma$に、$a=g=9.8$〔m/s^2〕を代入すると次のように計算できます。この力Fを**重力**と言います。

リンゴに働く重力$F=mg$

上記の式を見てわかるように、**重力は質量mに比例**することがわかりますよね？ところで重力の正体はなんでしょう？

ニュートンは、空に浮かぶ月と木から落下するリンゴにはどちらも地球からの引力が働くのではないかと考えました。

つまり、重力の正体は地球からの引力であり、これを万有引力と呼びます。

これは、**目の前で起きている現象をうーんと遠くから眺める**ことを言っています。この視点の移動は、一般社会の世界での問題解決に役に立ちます。

物理的思考力その2を示します。

物理的思考法（その2）　視点を遠ざける

1. 現状の認識で解決できない問題を探す
2. 視点を遠ざけて解決法を考える
   （例）自分の所属する会社等の枠→同業他社を含めた枠
   →日本全体→世界→宇宙
3. 再び視点を現状の認識で捉えて、2で考えた解決法を検証する

リンゴが落下する現象を地球上から見つめるのではなく、地球から離れると宇宙空間に浮かぶリンゴと地球が見えますよね。リンゴと地球間の距離をr〔m〕、地球の質量をM〔kg〕とします。

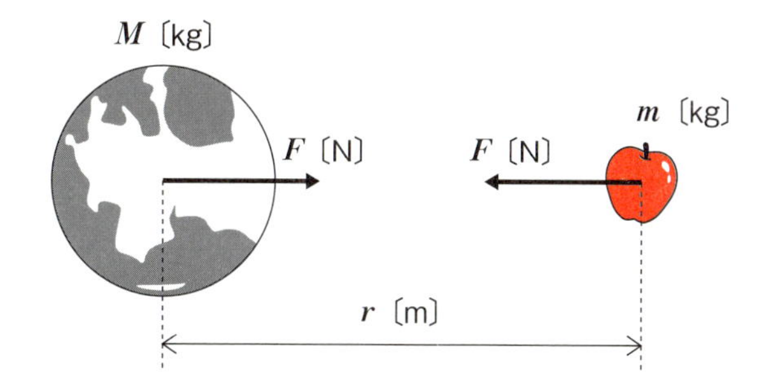

リンゴが受ける万有引力Fは、地球がリンゴを引く力ですから**作用反作用の法則**より、地球はリンゴから同じ大きさFの力を受けています。

リンゴが受ける万有引力Fはリンゴの質量mに比例でしたよね？同様に**地球が受ける万有引力Fも地球の質量Mに比例**するはずです。

つまり**万有引力FはmにもMにも比例**します。

さらに、気になるのは2物体の距離rです。リンゴが地球の近くであれば引力Fはほぼ一定と考えてもよさそうなのですが、地球からどんどん遠ざけると、rは大きくなり力Fも弱くなっていくと予想できます。

力Fは距離rが大きくなると減るんだったら、反比例の関係かな？？

2物体の距離rが大きいほど、万有引力Fは減少するので、Fはrに反比例で良さそうなのですが、太陽の周りをまわる惑星の運動を説明するには距離rの2乗に反比例すると考えると、うまく天体の運動を説明できることがわかったのです。

以上の考え方を基に、万有引力は次のように表すことができます。

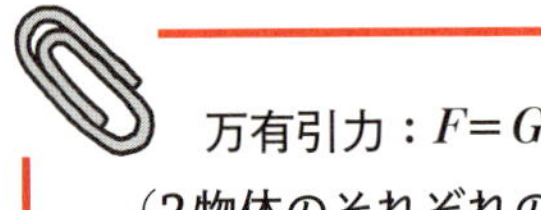

万有引力：$F=G\frac{Mm}{r^2}$　万有引力定数：$G=6.67\times10^{-11}[\mathrm{Nm^2/kg^2}]$
（2物体のそれぞれの質量m、Mに比例、距離rの2乗に反比例）

運動の3法則と、万有引力の法則によって天体を含む物体の運動を記述することができるようになり、ニュートンは絶大な名声を得たのです。

最後の魔術師

物理学ではめざましい成果を上げたニュートンですが、おカネに関しては俗っぽい面を覗かせています。

1699年に王立造幣局長官にニュートンは2000ポンドの年収を得ていたにも拘わらずイギリスで起こった投機ブームに乗って南海会社の株投資にはまり、1720年までに年収の約5倍の1万ポンドを投資しています。

南海会社の株価は順調に上昇したのですが、**南海泡沫事件**と呼ばれる株価の大暴落で2万ポンドの損害を被っています。

偉大な物理学者が株投資に失敗してたなんて、ちょっと親しみが湧いてきませんか？

ちなみに、南海泡沫事件は英語名で"South Sea Bubble"で、**バブル経済の語源**となっています。

さらに、ニュートンは錬金術にも没頭しています。錬金術で使うのは主に水銀と硫黄なのですが、これらの化学反応で貴金属である金を生み出す研究の記述が残っています。

現存するニュートンの毛髪から水銀が検出されていることからも、間違いなく錬金術にのめり込んでいたことがわかります。

錬金術と並行して、飲めば不老不死となることができると伝えられる万能薬の開発にも手を出しています。

こうなると科学者というよりも、怪しげなマッドサイエンティストですねえ…。
ニュートンと同じケンブリッジ大学出身の経済学者の**ケインズ**はニュートンを近代の最初の科学者ではなく、最後の魔術師であると述べています。

現代の錬金術

次の表は、元素の周期表の一部です。元素記号の上に並ぶ数字は原子番号と言い、原子核内の陽子の数を表します。水銀の原子番号は80、金の原子番号は79と隣ですよね？
ですから、水銀から陽子1個を何らかの方法で弾き出すと金が生まれます。というとても簡単に聞こえるのですが、これを実際に行うには莫大なエネルギーが必要になります。

陽子を１個取ると儲かります！！

78 Pt 白金	79 Au 金	80 Hg 水銀	81 Tl タリウム
110 Ds ダームスタチウム	111 Rg レントゲニウム	112 Cn コペルニシウム	113 Nh ニホニウム

日本生まれの原子ですね！

ある、試算によると水銀から陽子1個を弾き出し金を生み出すためには電気代だけで金1g当たり20万円ほどかかるそうです。これではとても元が取れないことがわかります。
水銀の右下に、ニュースでも話題になった原子番号113のニホニウムがあります。原子番号83のビスマスに原子番号30の亜鉛を打ち込み、83＋30＝113の核融合によって生まれたのです。
これはまさに**現代の錬金術**と言って良いでしょう。ただし、ニホニウムの寿命が1万分の3.4秒ととても短いのです。ニホニウムは一体何の役に立つのかわからないのですが、後になって思いがけない価値を生み出すのが科学の世界です。

コラム　これも錬金術？？

都内にあるブランド品や貴金属の買取専門店の店長と知り合いになったことがあるのですが、頭を抱える問題があるとの話を聞きました。

それは、タングステンの塊を金でコーティングして金地金として売りにくる客がときどきいるそうです。

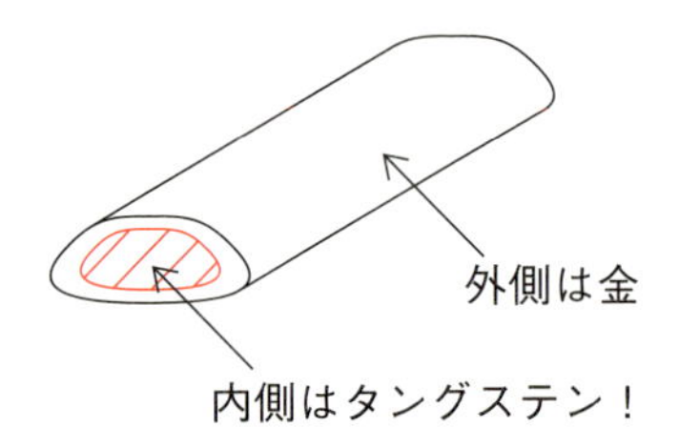

店長曰く、金とタングステンの比重はほぼ同じだというのです。比重とは温度4℃の水1cm^{3}の水の質量がほぼ1gなのですが、これを1単位とした場合の質量比です。

金の比重は19.32に対して、タングステンは19.30とほぼ同じです。

金を見分ける方法に比重計という測定器を用いるそうなのですが、金とタングステンは比重がとても近いので見分けがつかないので困っているとのこと。

何とか物理の知恵で簡単に見分ける方法がないかと宿題を出されました。

すぐに思いつくのが、**抵抗率**です。これは電流の流れにくさを表すのですが、持ち込まれる金地金の形状がまちまちなので測定が困難であることがわかりました。

読者の皆さんもぜひ、この解決方法を考えてみてください。

ニュートンのミス

運動に3法則や万有引力などの発見によって物体の運動を解明したニュートンですが、光の研究で重大なミスを犯しています。それは光を粒子の流れと考えたことです。

この粒子説に対し、物理学者の**ホイヘンス**は光と光がお互いにぶつかっても何の影響もなく真っ直ぐ進んでいくことから、光は波動であると考えました。

しかし圧倒的な名声を得ていたニュートンの粒子説の方が主流となり、ホイヘンスの波動説はなんと約100年間埋もれることになりました。

時は流れて1805年、トマス・ヤングはホイヘンスの光の波動説に注目しました。

どのような方法で、光が波であることを説明できるか？

ヤングは、身近な現象として**水面波の広がりに注目**しています。次の図のように、水面上に2つの波源から同心円状に円形波が広がり重なり合ったとします。**黒実線の円形波は波の山**を表します。

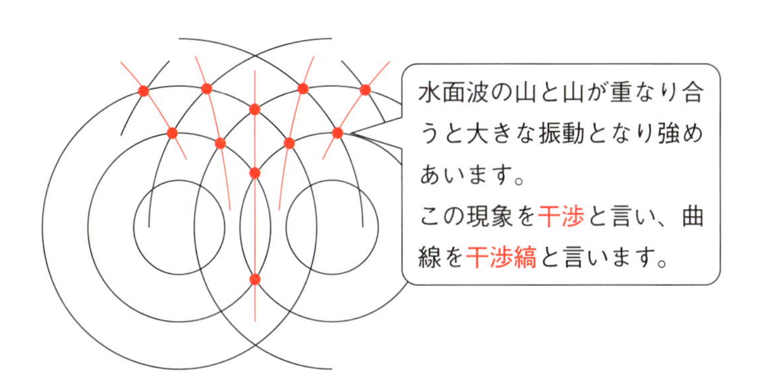

波の山と山が重なり合うと振動が大きくなり強めあいます。この現象を干渉と言います。

強めあう部分は上図のように、赤で示される複数の曲線が縞状となって現れます。これは、お風呂に入って水面を2本の指で小刻みにたたくと、実際に縞模様が現れることからわかります。この縞を干渉縞と言います。

ヤングは、光源からの光を2つのスリットに入射させて水面波と同じような干渉縞が生じるかどうかの実験を行ったのです。

ヤングの実験…アナロジー的思考法

水面波をヒントに、ヤングは次のような光源の背後に2つのスリット、スクリーンから成る実験を行います。もし、ニュートンの光の粒子説が正しければ、次の図のように、スクリーン上には光源とスリット1，2を結ぶ方向に2つの山が現れるはずです。

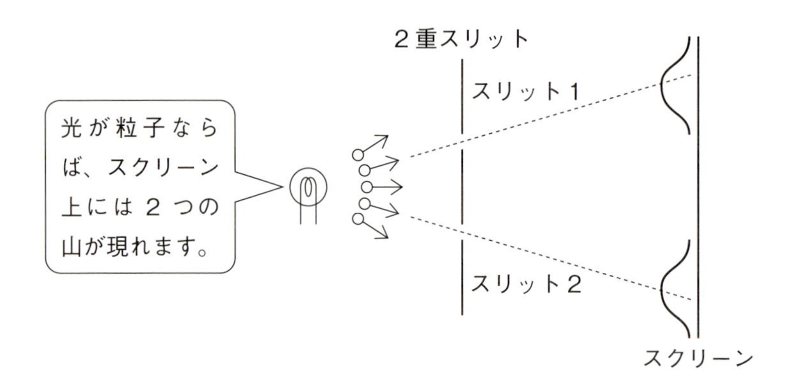

ところが、スクリーン上には次の右図のような明るい部分（強めあい）と暗い部分（弱めあい）が交互に並んだ縞模様が現れたのです。

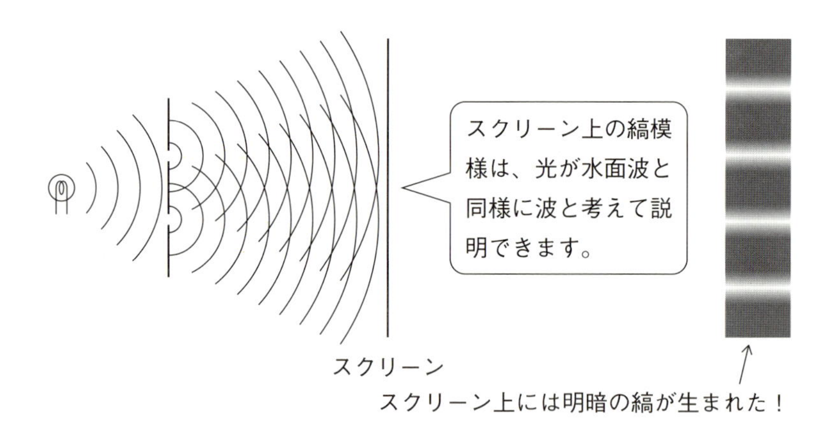

スクリーン上の縞模様をニュートンの粒子説で説明するのは不可能です。

まさに、光は2つのスリットを通過後、水面波と同じように広がりスクリーン上で干渉が起きたと考えることができます。このヤングの実験で、光が波であることが示されたのです。このヤングの実験は、**アナロジー的思考法**が土台となっています。

またまた**物理的思考法（その3）**をまとめます。

物理的思考法（その3）　アナロジー的思考法

1. 未解決の問題があった場合、似たような解決済みの問題を探す

→光が波かどうかわからん…水面波の干渉があるな！

2. 解決済みの問題に照らし合わせて、未解決の問題を検証、実験を行う

→2つのスリットとスクリーンで実験してみよう！

3. 解決済みの問題と比較して検証、実験の妥当性を評価する

→スクリーンに縞模様は、水面波と同じ干渉縞だ！

よって光は波だ！

このアナロジー的思考法は日常生活の問題解決でも利用することができますので、ぜひ頭に入れておいてください。

この章では物理的思考法として、その1（思考実験）、その2（視点を遠ざける）、その3（アナロジー的思考法）の3つが登場しました。

目の前の問題が、PDCAサイクルなどで上手く解決できない場合は先人達の知恵を借りるもの良いのではと筆者は考えています。

粒子→波→粒子

ニュートンは光が粒子と考えましたが、ヤングによって粒子説は打ち砕かれ波であることが証明されました。

ところが、です。19世紀末にアインシュタインが、もしかして光は粒子の性質を持ってるんじゃね？ってなことを言い出します。

このお話の続きは、第5章でご説明したいと思います。

コラム　もっと困る質問

第2章のコラムで示した通り、困る質問は「**力って何？**」ですが、もっと困るのが、「質量って何？」です。

質量がどのように生じるかの問いに、多くの物理学者は長年悩んできましたが、この質問に答えたのが、2013年度のノーベル物理学賞であるヒッグスの理論です。

英国の物理学者ピーター・ヒッグスが、質量が生じる原因を**ヒッグス粒子**という素粒子が原因と考えました。

ヒッグス粒子なんてものが、本当に存在するのか？？これは、実験によって確かめるしかないのです。

2012年にスイスにある、CERN（欧州原子核研究機構）内にある、全長27㎞の円形加速器でヒッグス粒子と思われる粒子が観測されたのです。

人間の頭で考えた粒子が現実の世界で見つかっちゃうって、すごいことですよね。

第3章

エネルギー保存と複式簿記

仕事とエネルギーという単語は、日常生活でもよく使われますよね？

あいつは仕事ができそうだ、とかエネルギー不足で体が持たない等々…。

では、ズバリ仕事、エネルギーとは何？って言われるとチョット言葉に詰まるかもしれません。

そこで本章では、まず物理における仕事とエネルギーの正体を明らかにします。さらに、エネルギーと**複式簿記**の関係、筆者が銀座で経営した飲食業での**集客**の物理的方法を示したいと思います。

仕事とエネルギーの関係

仕事とは？

次の図のように、クマちゃんが物体に大きさF〔N〕の力を加えています。頑張って物体を運ぼうとしているのですが…。

ところが、どんなに頑張って大きな力Fを加えても**物体が動かなければ、仕事は0**なのです。

例えば、宅配業者に荷物の送付を依頼したのに、玄関前で宅配業者がうんうん言いながら荷物を押してるのに1ミリも動かない場面を想像してください。もはやコントですが、お願いだから目的地まで運んでくれよって言いたくなりますよね？

対象となる**人や物に対して何らかの働きかけを行い、目的地まで運び届けるのが仕事の本質**かもしれません。

筆者は予備校で物理を教えていますが、生徒の成績を伸ばすとか目標とする大学に合格させるのが目的地であり、この目的地までどうやったら生徒を運べるのかをいつも考えています。

さて、ここで物理の仕事を定義します。仕事の英単語workの頭文字でWと表します。

次の図のように、力F〔N〕を加えて**力と同じ方向に**x〔m〕移動したとします。

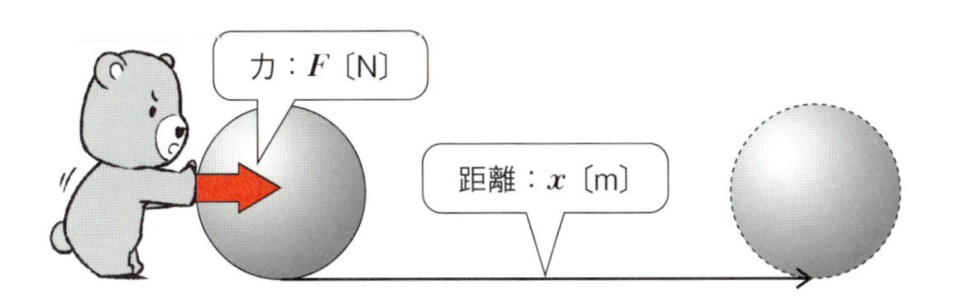

仕事Wは、**主語と目的語をはっきりさせて**力F〔N〕と移動距離x〔m〕の積として、次のように定義します。

物理における仕事の定義

クマちゃん（主語）が物体（目的語）にした仕事：$W=Fx$

仕事の単位は〔Nm〕としても良さそうなのですが、一言で**ジュール**〔J〕と表します。ちなみに、ジュールはイギリスの物理学者で仕事とエネルギーの実験と研究に一生を費やしています。ジュールは幼少から病弱のため正式な学校教育は受けていないにも拘わらず、自宅の一室で実験を行っています。実家の醸造業が本業なのですが、そこで得た資産を実験のために全て使い切っています。なんとも清々しい、生き様ですよね？

次に下の図のように、移動距離xと逆向きに力Fを加えた場合を考えます。

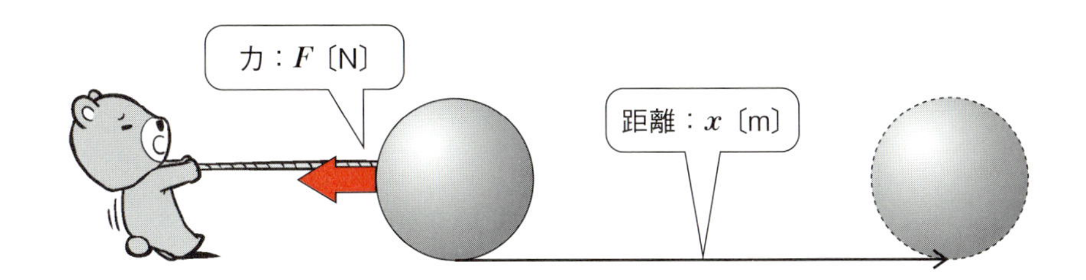

この場合、クマちゃんの力Fは、物体の移動を邪魔していることがわかると思います。この場合の仕事Wは－を付けて$W=-Fx$〔J〕と表します。

仕事の足を引っ張る行為を見つけたら、あなたの行っている仕事はマイナスだ！と言わなければならないのです。

仕事率（仕事の能率）

同じ仕事をこなすのに1週間かかる人もいれば、1日で済ます人もいますよね？

仕事の能率を比較するには、**仕事率**という考え方が必要になります。次の図のように、物体にF〔N〕の外力を加えてx〔m〕移動するのに要する時間がt〔s〕だったとしましょう。

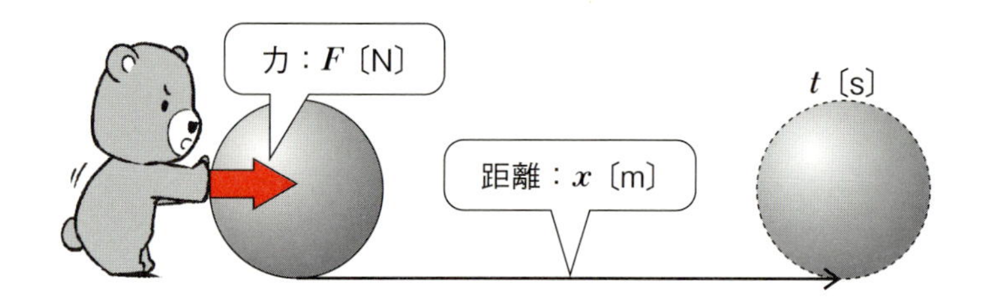

仕事率は英単語Powerの頭文字でPと表し、1〔s〕当たりの仕事と定義します。

すると、仕事率Pは仕事W〔J〕を時間t〔s〕で割ることで次のように計算できます。

$$\text{仕事率}\ P=\frac{W\,〔\mathrm{J}〕}{t\,〔\mathrm{s}〕}$$

仕事率Pの単位は〔J/s〕と書かずに〔W；ワット〕で表します。掃除機の吸込みのパワーが500Wと書いてあったら、この掃除機は1〔s〕間に500〔J〕の仕事をするんだなと読み取ることができますよね。

パワー（power）と力という言葉は、日常では同じように使われますが、物理的にはまるで違います。仕事を素早くこなす人は、力があるのではなく『あいつパワーがあるな！』が正しい表現となります（笑）。

次に、エネルギーとは何かを説明したいと思います。

運動エネルギー

ここからは、物理におけるエネルギーの定義をします。エネルギーも日常でよく使われる言葉ですが、そもそも、エネルギーとは何か？というと仕事する能力あるいは可能性なのです。

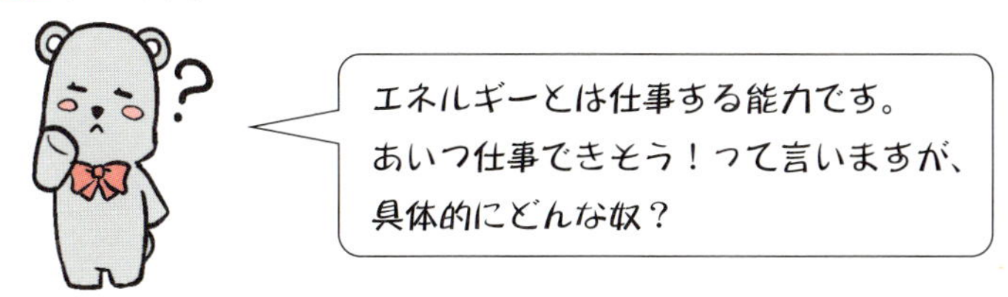

次の図のように、質量m〔kg〕のボールが速さv〔m/s〕で飛んでいるとします。

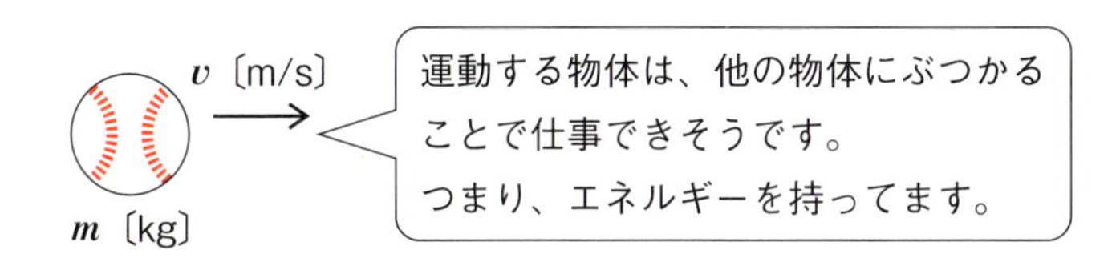

運動する物体は、他の物体にぶつかると止まるまでに仕事ができそうですよね？

つまり、**運動する物体はエネルギーを持つ**のですが、このエネルギーを運動エネルギーと呼びK〔J〕と表します。運動エネルギーは英語でkinetic energyと言い、その頭文字を取ってKと表します。運動エネルギーKを求めるために、次の図のように、ボールがグラブに当たり、止まるまでの運動に注目します。

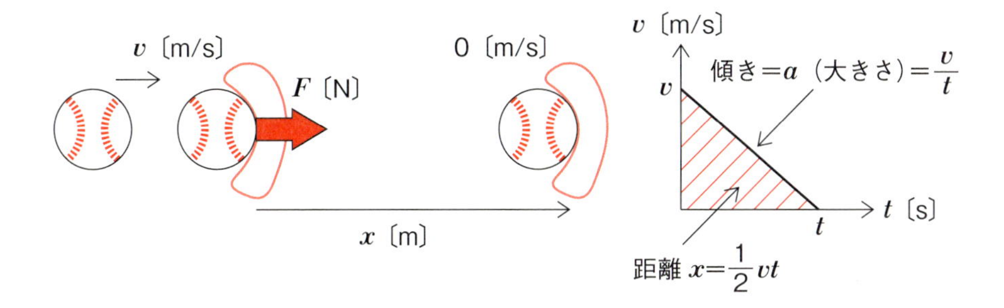

ボールがグラブを押す力をF〔N〕、グラブの移動距離をx〔m〕とします。すると、**運動エネルギーK＝ボールがグラブにした仕事**は、$K=Fx$〔J〕と表すこと

ができます。

前ページ下右図のように、ボールの速度vが時間と共に直線的に減速し、t〔s〕後に静止したとします。

力Fは運動方程式より$F=ma$ですが、**加速度aの大きさは**第1章で学んだように**$v-t$グラフの傾き**ですよね！

よって加速度aの大きさは$\frac{v}{t}$となります。一方**移動距離xは$v-t$グラフの面積**で計算できます。移動距離は$x=\frac{1}{2}vt$です。

以上を基に、運動エネルギーKを計算します。

$$\text{運動エネルギー}\ ;\ K=Fx=max=m\times\frac{v}{t}\times\frac{1}{2}vt=\boldsymbol{\frac{1}{2}mv^2}\ 〔\mathrm{J}〕$$

上記の式が、運動エネルギーです。ちなみに、第1章で登場した**長さと時間と質量**の3つの次元を用いて、次のように表すことができます。

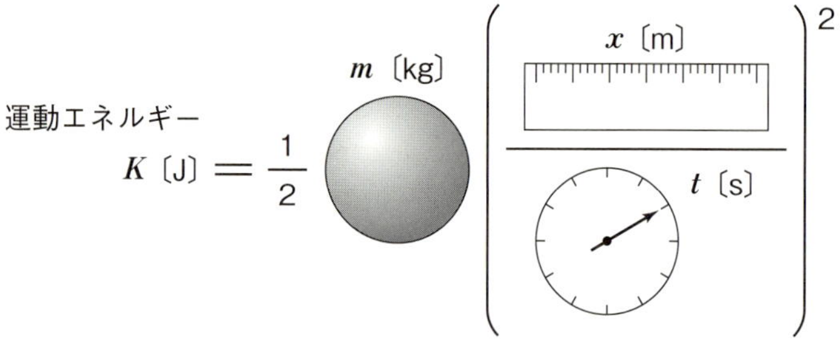

運動エネルギー
K〔J〕$=\frac{1}{2}$ m〔kg〕 $\left(\frac{x〔\mathrm{m}〕}{t〔\mathrm{s}〕}\right)^2$

位置エネルギー（ポテンシャル）

運動する物体は仕事ができることがわかったので、さらに**仕事ができそうな奴**を探します。運動エネルギーのように、目立った動きをしていなくてもある場所に居るというだけで、仕事する能力を秘めている奴がいます。

例えば、ビルの屋上に砲丸投げの鉄球を持ってくと、その鉄球は屋上に存在するだけで仕事できそうですよね！

なぜなら屋上から身を乗り出してうっかり鉄球を手放そうものなら、地面にズドンと落ちて地面を押しながら、めり込んでいくことで仕事できます。

その位置に物体が存在するというだけで物体が持つエネルギーを**位置エネルギー**

と言います。

位置エネルギーは英語でpotential energyと言います。ポテンシャルという言葉も日常生活で登場する言葉ですが、ポテンシャルが高いと言えば、まさに仕事する潜在能力が高いことを表します。

位置エネルギーの記号はポテンシャルの頭文字からPが良さそうなのですが、**仕事率**でPを使ってしまったので、適当な文字としてUを使います。

位置エネルギーUを計算するために次の図のように、地面を原点とする上向き（＋）のy軸を与えます。地面からの高さy〔m〕の位置にある質量m〔kg〕の物体に注目します。

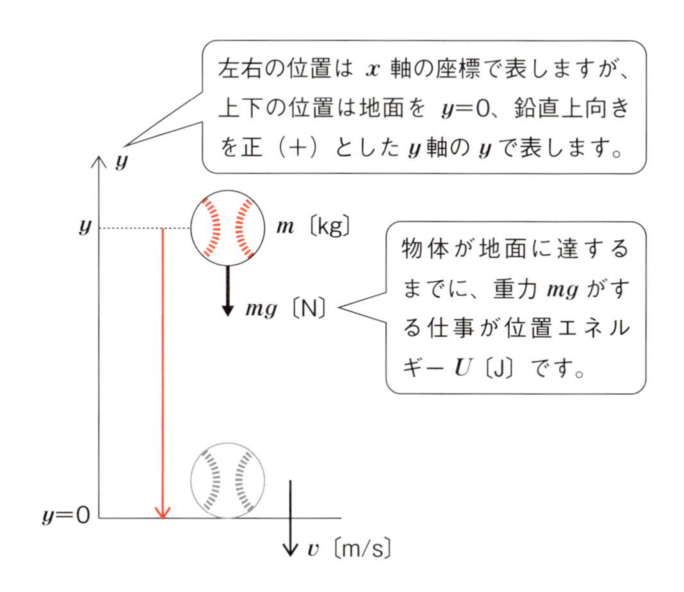

そもそもなぜ、高さyにある物体は位置エネルギーUを持つのでしょうか？

第2章で登場したように、地球上にある物体には、**重力加速度g**を用いてmg〔N〕の重力が働いています。

物体が位置エネルギーを持つというよりも、**物体に働く重力mg〔N〕が仕事する能力を持っている**と考えることができるのです。

つまり位置エネルギーUは物体に働く力（この場合は重力mg）で決まるのです。

そこでまず、物体が地面に戻るまでに重力がどれだけの仕事ができるかを計算します。この仕事こそが重力による位置エネルギーUです。

重力の仕事は実に簡単に計算できます。仕事は力×移動距離ですからmg〔N〕×y〔m〕で重力による位置エネルギーUは次のように表現できます。

重力による位置エネルギー $U=mgy$

エネルギー保存の法則

y〔m〕の高さにある物体はmgy〔J〕のエネルギーを持っていますが、地面に達すると$y=0$となるので、位置エネルギーは0〔J〕となりますよね。

ところが、地面に達すると速さを持つので**運動エネルギーK〔J〕**を持っています。つまり、**物体が失なった位置エネルギーは運動エネルギーに変わった**と考えて良さそうです。

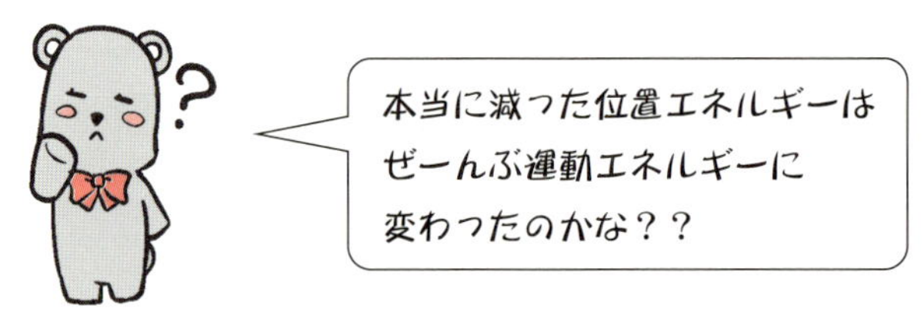

地面に到達するまでの物体の$v-t$グラフを描くと、次の図のようになります。

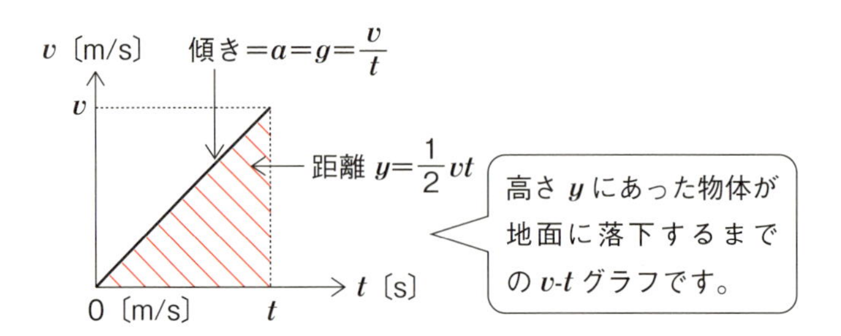

重力加速度gは$v-t$グラフの傾きですから$g=\frac{v}{t}$、移動距離yは$v-t$グラフの面積なので$y=\frac{1}{2}vt$です。

位置エネルギー$U=mgy$を書き換えると次のようになります。

$$U=mgy=m\times\frac{v}{t}\times\frac{1}{2}vt=\frac{1}{2}mv^2$$

まさに、**物体が失った位置エネルギー $U=mgy$ は運動エネルギー $K=\frac{1}{2}mv^2$ に変わった**ことがわかります。位置エネルギー U が減ると、減った分だけ運動エネルギー K が増えるので、エネルギーの合計である **$K+U$ は一定**となります。この関係を、**エネルギー保存の法則**と言います。

もちろん、地面に衝突した物体は静止するので一見するとエネルギーが消え去ったように見えますが、実は違うエネルギーに変わっています。それは、衝突で生まれた**熱エネルギー**です。熱もエネルギーであることは、第7章で説明します。

恐竜が滅びた原因は、小惑星が地球に衝突して運動エネルギーが莫大な熱エネルギーに変わり、火災によって生まれた灰や粉塵が大気層を覆い、太陽光が遮ぎられて氷河期が訪れたためだと言われています。

エネルギーは様々な形があります。水素と酸素が結びついて水となる際に生まれるエネルギーは**化学エネルギー**、原子核反応で生まれるエネルギーは第9章で登場しますが、**原子力エネルギー**…と様々なエネルギーがあり、エネルギーはその形をどんどん変えるのですが、**エネルギーそのものは失われることはなく保存**されます。

エネルギー保存の法則は、この宇宙を支配する絶対的な法則なのです。

さて、ここまで物理の話でしたが、次に**複式簿記**の話が登場します。やっと**儲かる物理**らしくなってきます！

ちなみに、簿記には**単式簿記**と**複式簿記**があります。

単式簿記は、家計簿やお小遣い帳のような、現金の出入りだけを記入したものです。次の表がまさに単式簿記です。

（単式簿記の例）

	概要	入ったおカネ	出ていくおカネ	残高
1月1日	お年玉	10,000		10,000
1月2日	漫画		1,000	9,000
1月4日	ジュース		200	8,800

これに対して複式簿記は、**借方**と**貸方**という**2つの側面**で取引を記入する方法です。この複式簿記と、エネルギー保存の関係を次に説明します。

複式簿記はエネルギー保存だ！

筆者は現在、2つの会社を経営しています。というと偉そうなのですが、いずれも筆者と妻の2人の役員だけの小さな会社です。会社の規模の大小によらず、さらに商店などの個人事業主でも日々の取引は必ず、**複式簿記**で記帳することが法律で定められています。

ところが、いまだに多くの自治体がお小遣い帳と同じ**単式簿記で収支の報告を行っている**のは実に不思議です。筆者は平成6年に会社を作った時から、複式簿記で会計処理を行っていますが、これって**エネルギー保存則**そのものなのです。

まず、第1章で登場した**資産、負債、資本（＝純資産）**の関係を改めて書くと次の通りです。

資産－負債＝資本（純資産）

資産は、現金、預金、有価証券、不動産などです。

負債は、借入金、買掛金などです。

複式簿記では、マイナス（－）を使わないというルールがあります。そこで、上式の負債を右辺に移行すると、次のようにマイナスを含まない式に変形することができます。

資産＝負債＋資本

上記の式を左右の表に表すと次のようになります。

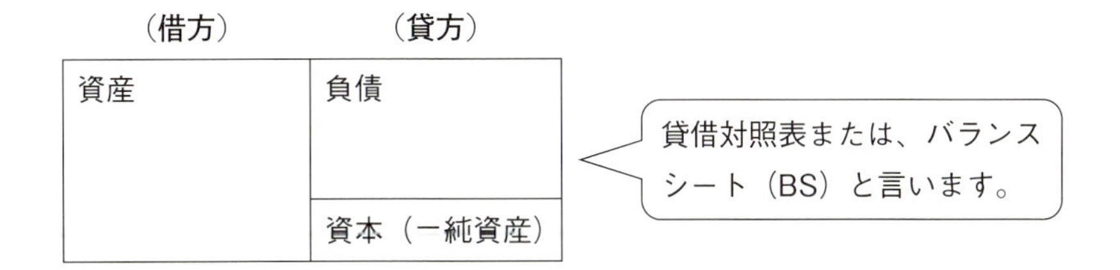

表の左側を**借方**、右側を**貸方**と呼びますが、おカネの貸し借りとはまったく関係ありません。借方と貸方は単なる呼び名であり、左をタロ、右をジロって呼んでもいいぐらいです（会計学の先生に怒られます、汗）。企業や個人事業の日々の取引は、必ず**借方と貸方が同じ値となるように記帳**します。

ここでは、話を簡単にするために**資産の増減**だけに注目します。資産が増えた場合は借方（左）、減少した場合は**マイナス（－）を使ってはいけないというルール**があるので貸方（右）に記入します。

例えば、現金という資産が10万円増えたなら次のように記帳します。

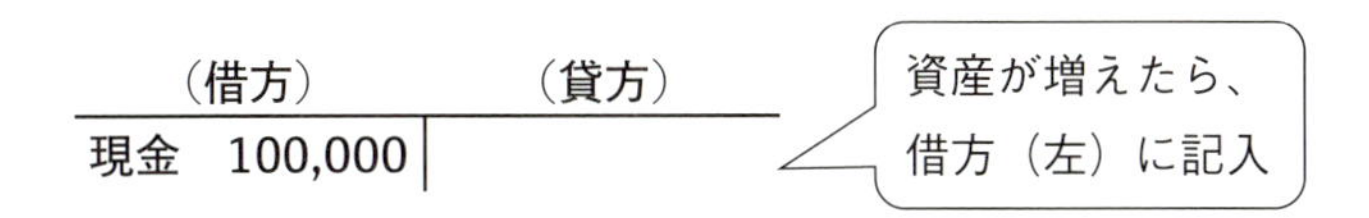

現金が10万円減った場合は、次のように記帳します。

では現金で、ある会社の株式を購入した場合は、どうでしょうか？例えば、未上場のA社の株式1,000株を証券会社を通さずに1株当たり100円で現金で購入したとします。合計金額は100,000円で、証券会社を通さないので売買手数料は0円です。

すると、**100,000円の現金を失って、100,000円の株式という資産を手に入れた**のですから、次のように記帳できます。

有価証券	100,000	現金	100,000

株式は、有価証券という**勘定科目**（表示金額の名前です）を用います。

現金が減って株を手に入れたのですが、左右保存されていますよね！資産をエネルギーに置き換えると、これはまさに**エネルギー保存則**そのものではないでしょうか！

エネルギーを資産と考えてみましょう。次の図のように、10〔J〕の位置エネルギーUを持っていた物体が落下して、運動エネルギーKを得たとします。もちろん、エネルギー保存則より、運動エネルギーKは10〔J〕となります。

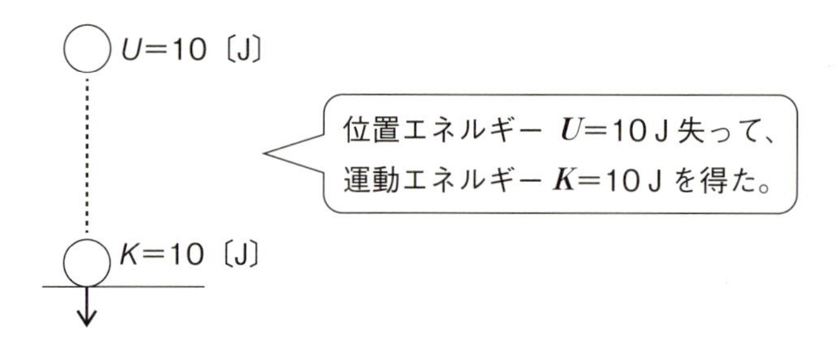

この過程を仕訳すると次のようになります。エネルギーを複式簿記で仕訳するのは、**筆者が世界初**でしょう（笑）。

運動エネルギー	10〔J〕	位置エネルギー	10〔J〕

ここで、上記の仕訳の借方と貸方を入れ替えてみます。次の仕訳を眺めて、起こった現象を想像できるでしょうか？

位置エネルギー	10〔J〕	運動エネルギー	10〔J〕

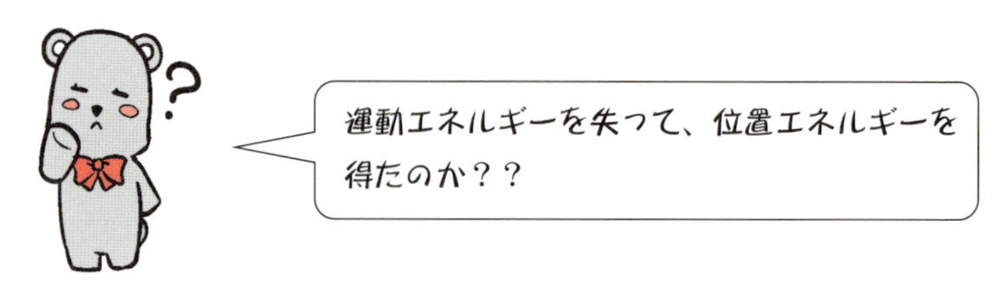

左ページ下の仕訳は運動エネルギーを失って、位置エネルギーを得たのですから、次のように、地面にあった物体を投げ上げて最高点に達した過程が考えられます。

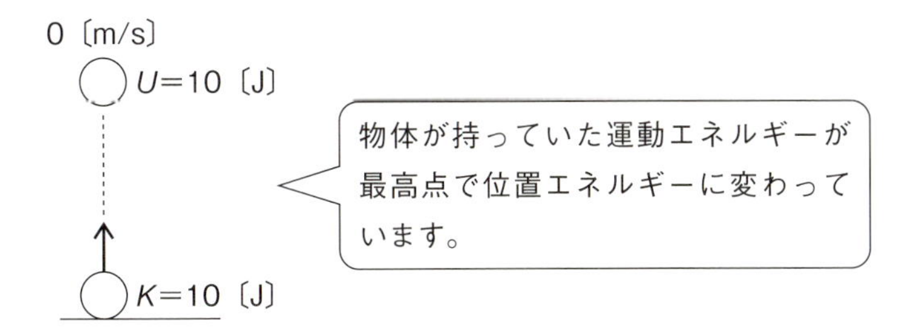

上記の運動は、物体が落下して地面に達する運動をビデオカメラに撮って、**時間を逆に再生した運動ですが、不自然さを感じることはない**ですよね？ このように時間を反転させても、不自然さがない（矛盾がない）現象を**可逆変化**と言います。可逆変化は、エネルギーの**借方と貸方を入れ替えても矛盾がない**現象と言うこともできます。

可逆変化の反対語に、**不可逆変化**があります。例えば、地面に物体が衝突して止まると、運動エネルギーが失われて熱エネルギーが生まれますよね。

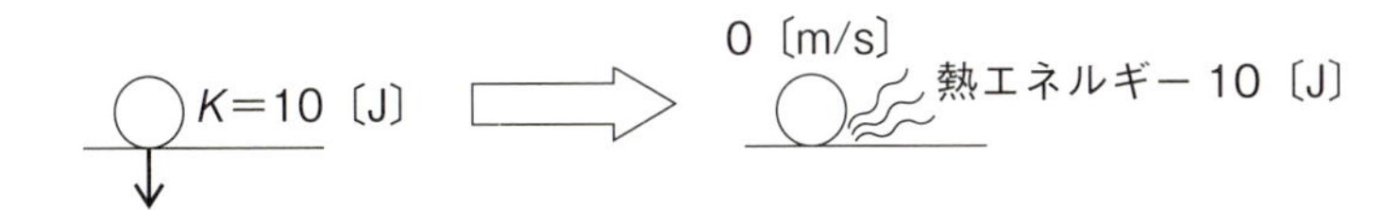

この過程は、次のように仕訳できます。

熱エネルギー　10〔J〕	運動エネルギー　10〔J〕

では、**借方と貸方を逆にした**次の仕訳は成立するでしょうか？

運動エネルギー　10〔J〕	熱エネルギー　10〔J〕

上記の仕訳は熱エネルギーがぜーんぶ運動エネルギーに変わったことを表してい

ます。

イメージとしては、「**地面に静止している物体にライターで炙るなどして、10〔J〕の熱エネルギーを与えると、その熱エネルギーが全部10〔J〕の運動エネルギーとなって、物体がジャンプした**」です。

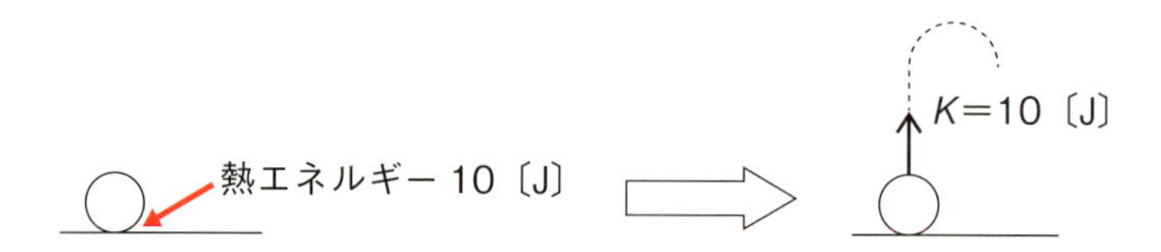

この過程は常識的に考えてあり得ないですよね！つまり熱エネルギーが全部運動エネルギーに変わることはないので不可逆変化と考えることができます。

資産の交換でも、可逆変化、不可逆変化があります。これを次にご説明しましょう。

資産交換の可逆、不可逆変化

資産を交換する取引もエネルギーと同様に可逆変化と不可逆変化があります。いくつか例を示します。

(例1　預金)

例えば、手元現金10万円を普通預金に入金した場合は、現金を失って、預金という資産を得たので次のように仕訳できます。

普通預金	100,000	現金	100,000

では、**上記の借方と貸方を逆にした**次の仕訳は成立するでしょうか？

現金	100,000	普通預金	100,000

普通預金から10万円を現金で引き出したってことだよね！預金が差し押さえられたり、預金封鎖にならない限り仕訳は成り立つよ！！

10万円の預金は、いつでも10万円の現金に変えることができるので上記の仕訳は可逆変化です。

（例２　株式の購入）

では最初に登場した、未上場のＡ社の株式購入は可逆、不可逆どちらでしょうか？

有価証券	100,000	現金	100,000

株式の購入金額が適正であれば、購入直後に売却し10万円の現金を手に入れることは、あり得るので可逆変化ですよね？

現金	100,000	有価証券	100,000

ところが、株式の価格は上がり下がりがあるので時間の経過とともに可逆ではなくなります。

例えば、未上場の株がIPO（株式公開）によって帳簿価額10万円の株式が50万円の値を付けたので、市場で売却して50万円の現金を手に入れたとしましょう。笑いの止まらない取引ですね（笑）。

話を簡単にするために売買手数料は0円とします。すると、次のように仕訳できそうです。

現金	500,000	有価証券	100,000

左右保存されていない…

上記の仕訳は**左右保存されていません**よね…そこで、売却益400,000円を貸方（右側）に立て、次のように記帳します。

現金	500,000	有価証券	100,000
		有価証券売却益	400,000

左右保存されていますね！

以上をまとめると、株式の場合購入直後ならば、可逆であるが時間の経過とともに不可逆となることがわかります。

この不動産の購入は可逆かなあ？

では、**不動産の購入**は可逆、不可逆のどちらでしょうか？筆者は2005年から不動産投資を始めて、区分（マンションの1室）やアパートに投資し、ピーク時は部屋数にして20部屋を上回る購入を行っています。

不動産を購入する際に最初に考えるのは、**不動産の価格が適正かどうか**です。とても当たり前なのですが、不動産価格は次のように表すことができます。

不動産価格＝土地の価格＋建物の価格

区分を購入するのであれば、土地の持ち分を調べて公示価格か路線価図から土地の値段を計算します。

次に建物の価格ですが、使われている材料や経過年数、グレード感などから1㎡当たりの建物の単価を計算し、これに平米数をかけて建物の価格を算出します。

これで、不動産の価格が計算できます。実に簡単な話しですよね？

さらに、不動産がどれだけ収益性があるのかを調べて、売り手の値付けが高いのか安いのかを判断します。不動産を購入し、仮にその直後に売却しても購入時とほぼ同額で売却できる、つまり**可逆であれば**初めて購入を検討します。

と、偉そうに言ったのですが、不動産投資を始めるさらに以前の平成3年（1991年）に筆者は1戸建てを購入しています。この時は、不動産の価値の計算は全くせずに、**新築の匂いと直感で衝動買い**したのです。俺ってバカだなあ…。事の顛末は、第9章でご説明します。

ぜひ、悲喜劇をお楽しみください（涙）。

この本を読んで物理的思考力を使ってどのように儲けるかを学んだ読者の皆さんならば、かつての筆者のような馬鹿な不動産の買い方はしないと信じています。不動産を購入する際は、**これ可逆かなあ**…を思い出してみてください。

さて、一旦複式簿記の話から離れ、ここからは**集客の物理的方法**を考えてみましょう。

集客を物理で考える

力はポテンシャルの谷に向かう

改めて、地面からの高さyの位置にある質量mの重力による位置エネルギー（ポテンシャル）Uを確認すると$U=mgy$ですね！

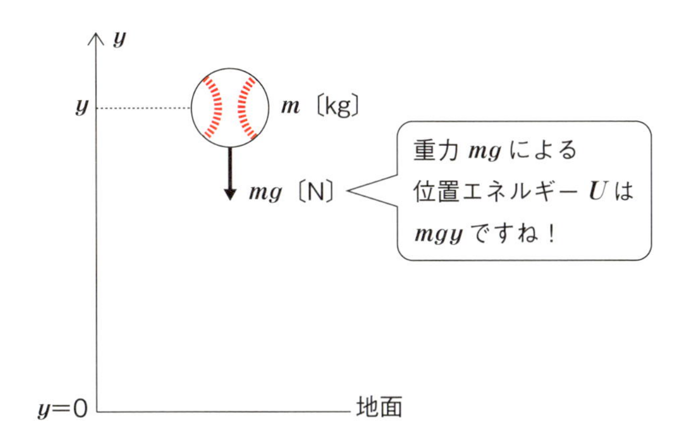

位置エネルギーの式；$U=mgy$は、**比例定数がmgでUがyに比例する**ことを表します。この関係を縦軸U、横軸yのグラフで描くと次のような原点を通過する直線となります。

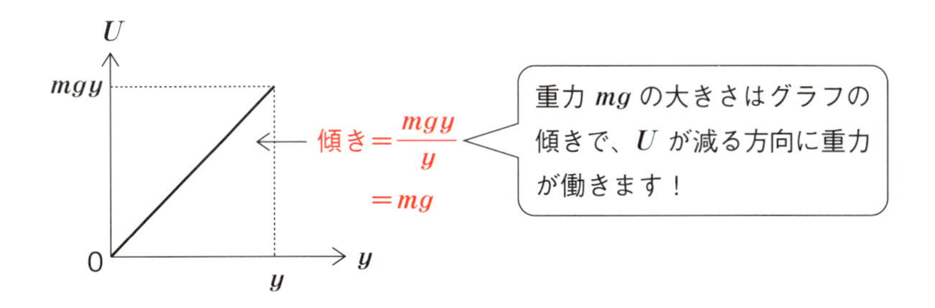

上記のU-yグラフの**傾きが重力mgの大きさ**を表します。また、**重力mgの方**

向は、鉛直下向きですがこれは、**位置エネルギー（ポテンシャル）が減少する方向**と考えることができます。

力とは何かを説明するのはなかなか難しいのですが、ポテンシャルが与えられた場合、その**ポテンシャルがどんどん低くなる方向に力が働く**のです。

力がポテンシャルが低くなる方向に向かう例を示します。筆者が頻繁に訪れるラスベガスから車で5時間ほど東に向かった先にグランドキャニオンがあります。

カジノの戦いで疲れた際に気分転換に訪れるのですが、筆者はグランドキャニオンの谷に向かってトレッキングを行ったことがあります。

次の図は、グランドキャニオンの断面を表した図で、谷底にはコロラド川が流れています。

この断面図は、まさに**重力によるポテンシャル**を表していると考えることができます。

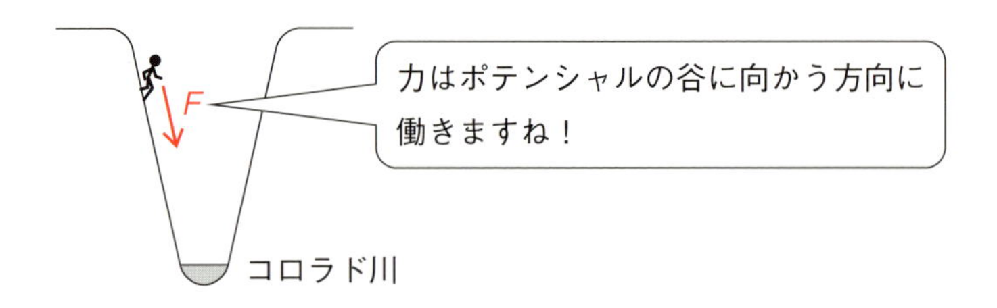

グランドキャニオンの谷に向かうトレッキングは、実に楽なんですよ！なぜなら、筆者にはポテンシャルが低くなる方向、つまりコロラド川に向かって力が働くからです。

ところが、です。快適にコロラド川に向かう半分の地点まで到達した後帰ろうとして、上りになって地獄を見たのです。

ポテンシャルを高めるためには、それに見合う仕事をしなければなりません。楽あれば苦ありと言いますが、まさに諺通りでした。

結局帰りは、自分のポテンシャルを高める仕事を続け、行きの4倍以上の時間を掛けて、戻ることができたのです。

ポテンシャル（位置エネルギー）と力の関係をまとめると次の通りです。

力は、ポテンシャル（位置エネルギー）が低くなる方向に働く。
ポテンシャルを高めるためには、それに見合う仕事が必要。

次に筆者が経営した銀座の飲み屋での集客の方法を、上記のポテンシャルの考えを基にご説明します。

集客の方法をポテンシャルで考えた

2008年にちょっとしたきっかけで、銀座5丁目の雑居ビルの2階で小さな飲み屋を始めました。いわゆるスナックに近い10坪の極狭物件です。当時は、リーマンブラザーズの破綻を引き金に世界的金融危機が起こった頃です。大企業は交際費を縮小する傾向にあり飲み屋がバタバタ潰れていたため、月額のテナント料は相場の約半額で借りることができました。

実は、筆者はそれまで飲み代に？千万円と無駄なおカネを使っていました。自ら飲み屋を経営した場合、それまで使った飲み代を回収することができるのかどうか可逆実験をやってみたかったのです。

開店当初は知人、友人に声をかけて足を運んでもらったものの、当然のことながらこれには限界があり、1週間もすると客足が途絶えました。チラシも2000部刷って銀座の界隈で配ったのですが、反応は1件のみ、それも食材の卸会社の営業でした。そもそも、知り合いに声を掛けたりチラシを配る行為は、お客さんに直接的に力を加える客引きの行為と同じであり、最悪の集客です。

理想は、お客様が自分の意志で自然と足が店に向かう状態です。そのためには、グランドキャニオンのような、**ポテンシャルの谷を作り、お客様に店に向かう力が働けば良いのではないか**と仮説を立てました。

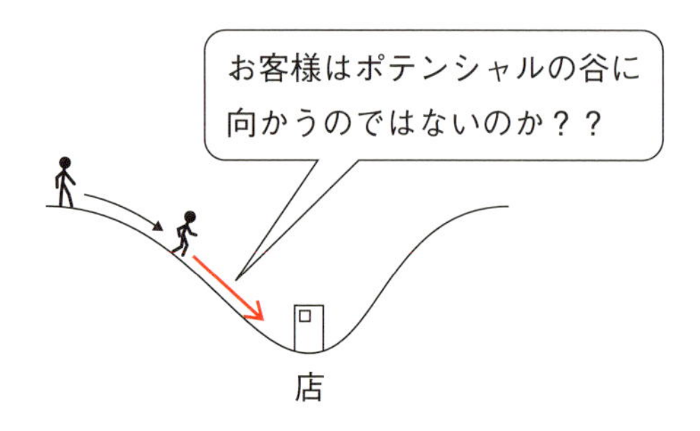

スズキの（安易な）仮説

同業他社と比較して、価格を下げるなどのポテンシャルの谷を作ればお客様に店に向かう力が働くはず。

そこで、プロの写真家に店の写真を撮ってもらいおしゃれな店のHPを作成し、他の銀座の店に比べて圧倒的に安く設定したのです。つまり、次の図のように、**価格のポテンシャルの谷**を作ることにより、お客様が谷に向かう力が働くはずだと考えました。

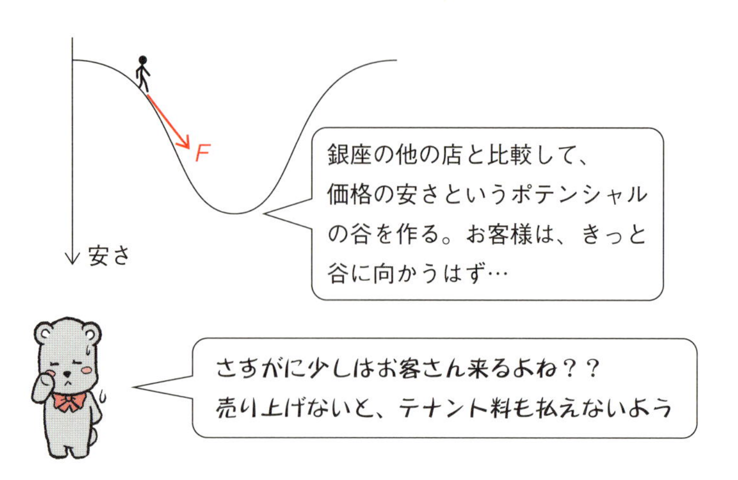

ところがお客さんは、ほとんど来ませんでした（涙）。ポテンシャルの谷を作ったのになあ…。そもそも、**お客さんが来るか来ないかの境目**はどこにあるかを考えました。

マク○○○○やスタ○○○○などは、知名度があるし、値段もわかっている、外装もおしゃれで値段も手ごろで、そこに近づくと自然とポテンシャルの谷に引き寄せられるのです。

読者の皆さんは、**知らない店に入るのは勇気がいる**という経験があると思います。筆者の銀座店舗は2階にあり、道路に面して外から様子が伺える1階の店舗と比較しても明らかに入りにくいという心理的な壁があるのです。この壁は次の図のように、**ポテンシャルの山**と考えることができます。

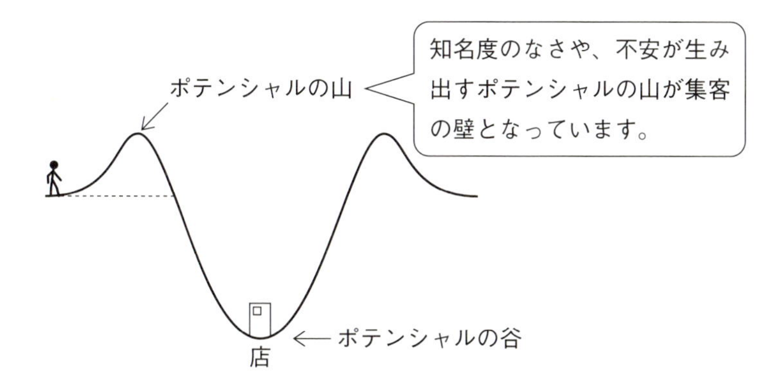

ポテンシャルを高めるためには、それに見合う仕事が必要ですよね？わざわざポテンシャルの山を越えるお客様はいるわけがないのです（泣）。

そこで、次のような**スズキの仮説**を新たに立てました。

集客のスズキの仮説

どんなにポテンシャルの谷を深くしても、手前に山がある限り、お客様は寄り付かない。まずポテンシャルの山を低くして、客自らが谷に向かうような仕組みを構築する。

まず、試験的に利用したのがSNSでした。様々なSNSを通じてマニアの集まりを告知したのです。最初に思い付いたのが、ビートルズ愛好家の集まりの企画です。筆者もマニアというほどでもないのですが、長年のビートルズファンです。同じ趣向をもつ方々とお話をしたいという思いもあったので、会費を安く設定して告知しました。程なくしてお客さんというか、とんでもない筋金入りのビートルズファンがあっという間に10名集まりました。

この経験を通じて、マニアの方は他人に語りたくなるアウトプットの需要があるのではと思うようになりました。

これに味を占めて、様々なマニアの会を企画しました。宇宙戦艦ヤマト、ガンダム、スターウォーズ…。これを毎日続けたのです。毎日ですよ、皆さん！ しかし、想像できると思いますが連日マニアの会をやっていると、ネタが尽きてきたのです。来る日も来る日もマニアックな話に付き合う筆者の精神も崩壊寸前でした。

苦し紛れに、思いついたのが見知らぬ人どうしの合コンです。会費は、男性5000円、女性2000円としてSNSを通じて募集してみたところ、これは連日大盛況となったのです。

しかしながら、男女の比率を調整するのに非常に苦労しました。日によっては男性12人と女性1人という日もあって肝を冷やしました。

女性は男性と違い、料金の安さがポテンシャルの谷になっていないことを思い知らされました。

女性客のポテンシャルの谷は何か？

では、女性客のポテンシャルの谷は何でしょうか？男性と女性の行動には明らかな違いがあります。

例えば、外食一つとっても、筆者の場合、すぐに思いつくのがラーメン屋や焼き鳥屋です。もちろん、男性がすべてラーメンと焼き鳥を思いつくとは限らないですが…。

これに対して家内と外食に行こうという場合、もちろんラーメン屋に行く場合もありますが、イタリア料理とか地中海料理のような普段食べないような食事に女性は引きつけられるようなのです。あるいは、男性オンリーで絶対に行かない場所と言えば、エステとかお化け屋敷、遊園地ではないでしょうか？もちろん、ここまでの話は筆者の独断であることをお断りしておきます。イタリア料理、地中海料理、エステ、遊園地、お化け屋敷…これらに共通するものは何でしょうか？

筆者は、次のような仮説を立てました。

スズキの（独断的な）仮説
女性客は、非日常的な経験に引きつけられるのではないか？

そこで、女性客を引きつける、日常にはない**非日常のポテンシャルの谷**を考えてみました。

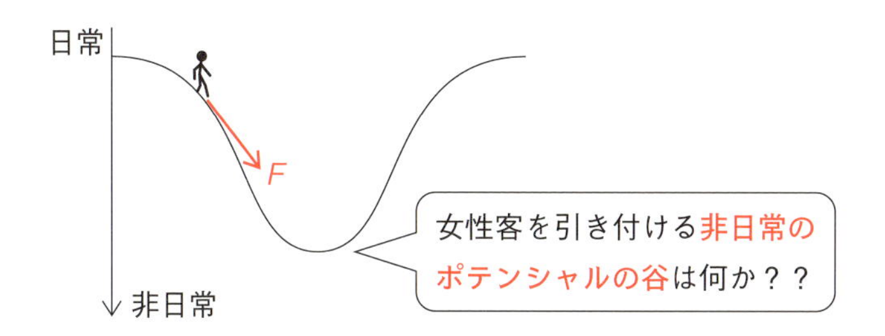

そこで、まず酸化防止剤無添加のワインを仕入れて銀座ではここでしか飲めないという宣伝を行いました。

これと並行して、何組もお笑い芸人を呼んで場を盛り上げる等のまさに、日常生活では味わえない経験ができる場を作ろうとしたのです。**無添加ワインと、お笑い芸人による非日常の谷**によって、成功といかないまでも以前に比べて女性客が確実に増加したのです。

しかしながら、男性の集客に比べて女性の集客方法の正解は未だに筆者の中では**未解決の問題**となっています。

最後にどうなったのか？

様々なポテンシャルの谷作りを通して、水商売は常に頭を働かせて集客を考えながら、収益を上げなければならない難易度の高い仕事であることを思い知らされました。

銀座の店は、少しずつ利益を生むようになったのですが、当時は日中は予備校講師、参考書の執筆、すでに行っていた不動産投資業、経営コンサルタント業などを並行して行っており睡眠時間が平均2～3時間という日々が続いていたのです。

結局、肉体的な限界が訪れ、2年目で飲み屋は廃業となります。とても、片手間にできる商売ではなかったのです。やはり人生においても**エネルギーは保存されており、**何かを得ようとすると何かを失うことを身をもって学んだのです。

第4章

最小時間の原理と機会費用

この章では、ピエール・ド・フェルマーが主人公です。第2章で登場したニュートンよりも40年ほど前にフランスの農村で誕生しています。フェルマーの本業は弁護士なのですが、余興で数学の研究を行い様々な業績を上げています。余興で数学って…究極の趣味と言えるでしょうね！

今回はその業績の中で、フェルマーの原理というとてもシンプルな法則を説明し、東京—大阪間の移動を例に新幹線、飛行機、LCC、深夜バスのどの移動を選ぶと、**コストが最小値**となるのかを考えたいと思います。

フェルマーの原理とは？

フェルマーの原理は最小時間の原理と言い表す場合がありますが、 これは光の進む経路に関する原理です。

フェルマーの原理（最小時間の原理）

光は最短時間で到達できる経路を通る

実に単純な原理ですよね！何より、数式が1つも使われていないところが素晴らしいです！！

とにかく早く着きたい！！

次の図のように、2点A,Bがあり、光がAからBまで進む場合を考えます。光が進む速さv〔m/s〕は一定として、もっとも早くたどり着く経路（道のり）を考えてください。

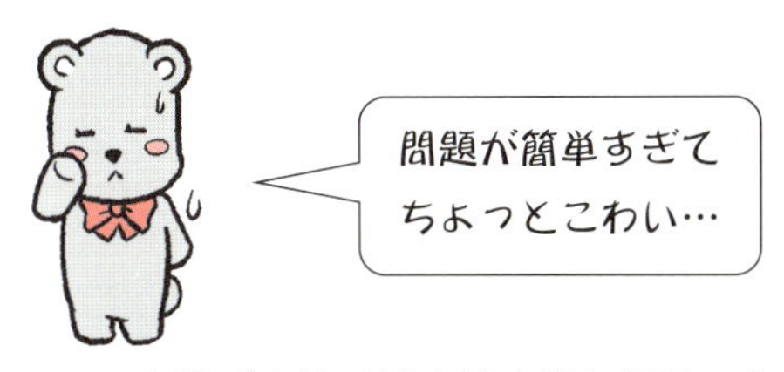

答えは、もちろん**AとBを結ぶ直線**が最も早く進む経路であることがわかりますよね！

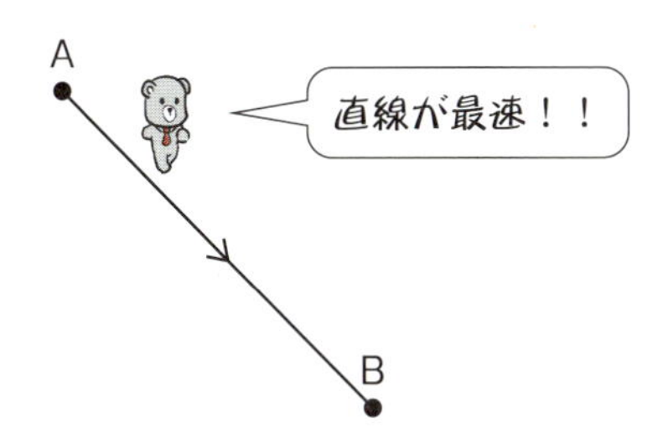

光が直進する理由は、最も時間が少なくて済む経路を選んだ結果と考えることができるのです。

反射の法則

光の直進性は当たり前すぎるので、光が鏡などで反射する場合のいわゆる反射の法則をフェルマーの原理で考えてみましょう。

次の図のように、点Aから出発し壁にタッチして点Bに到達する場合を考えましょう。先ほどと同様に進む速さvは一定とした場合、最も時間がかからない経路はどのようなものですか？

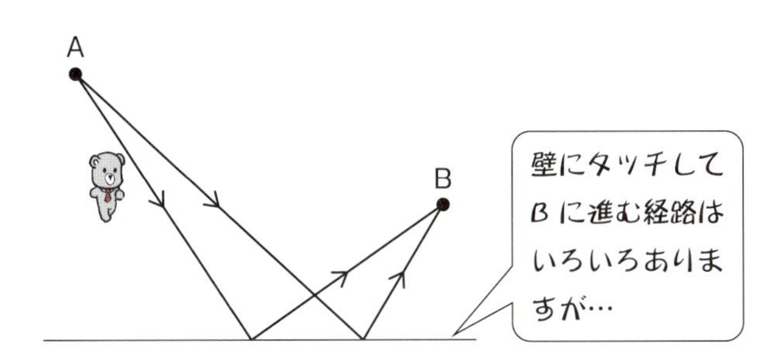

答えは次の図のように、点Bの壁に対して線対称な点B′を考えます。点Aから点B′まで進む**最短な経路はもちろん直進**ですね！

壁と直線A B′が交わる点をCとします。

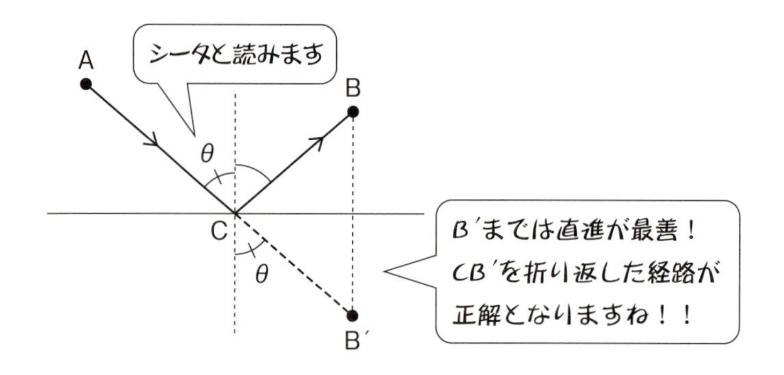

CB′を壁に対し折り返すと、経路A→C→Bが経過時間が最も短くて済むことがわかりますよね。

点Cを通る壁に対して直角な線分である法線を与えると、法線に対する角度である**入射角θと反射角が等しい**ことがわかります。この入射角＝反射角を**反射の法則**と言いますが、フェルマーの原理から導くことができるわけです。

屈折の法則

では、難易度を上げて、次の図のように砂浜の点Aで寝そべっていて、海上の点Bで溺れている人を発見したとします。

できるだけ早く溺れている人に到達したい場合、どのように進むのがよいでしょう。砂浜を走る速さをv_1、海を泳ぐ速さをv_2とします。

砂浜を走る速さv_1は海を泳ぐ速さv_2を上回っているとします。この場合、**直進よりも砂浜を多めに走る経路がよさそう**ですね。

まず次の図のように、海岸線に直角な直線（法線）を立てて、この法線に対する角度をθ_1、θ_2と表します。ちなみに、θはギリシャ文字でシータと言います。

砂浜での角度θ_1を入射角、海側での角度θ_2を屈折角と言います。

最善な経路と海岸線が交わる点をPとします。

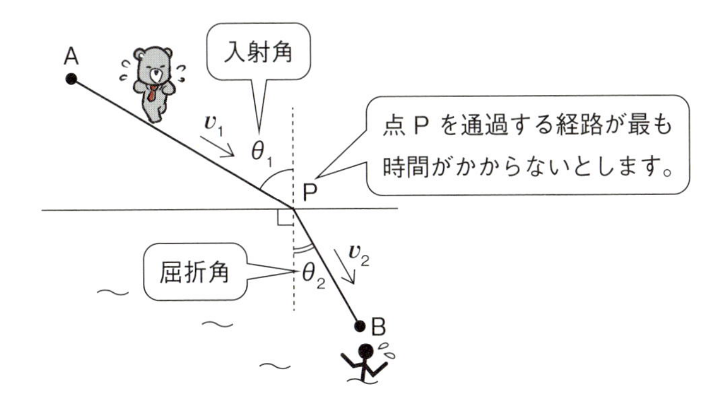

最も時間が少なくて済む点Pがどこなのかを知りたいのですが、点Pからほんの少しずれた点Qを通過する赤色の経路を考えます。

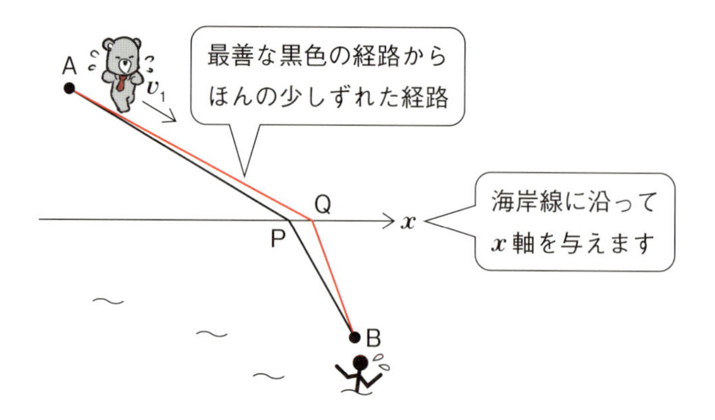

点Qを通過する経路は、最善の点Pを通過する場合より余計に時間がかかりますよね？この余計な時間をt_1と表します。

海岸線に沿ってx軸を定め、縦軸にAからBまでの時間tを与えると次のようなグラフとなります。

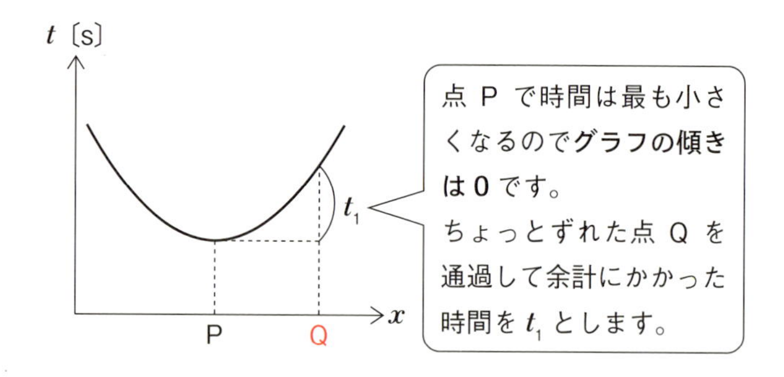

点Pで経過時間は最小値となるのでグラフの谷、つまり**傾きが0**となっているのがわかりますよね。点Pからわずかにずれた点Qを通過する場合、Pを通過する場合に比べて余計にかかる時間t_1を計算してみましょう。

なぜ、わざわざQを通過する経路を考えるのか？と思うかもしれませんよね。発想は、次の通りです。

ここからちょっとばかり話が難しくなるので、つらいなと思ったら
↑↑↑↑ワープゾーンここまで↑↑↑↑へ飛んでください。

Pを通過する時間が最小値ならば、次のP付近の拡大図のようにグラフの傾きが0なので、すぐそばのQを通過して余計な時間t_1は極めて小さくほぼ0と見なすことができます。

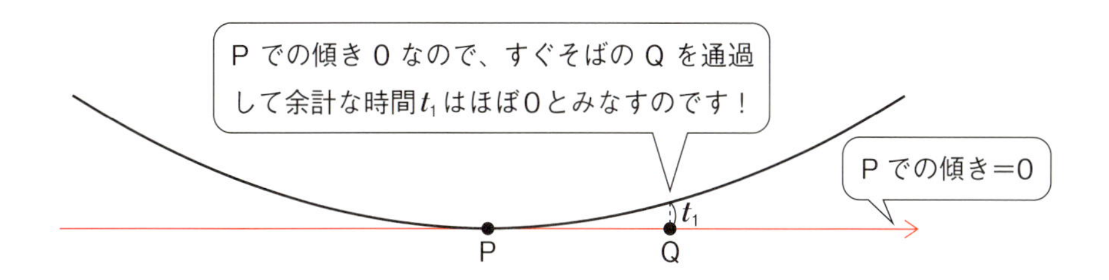

P、Q付近の海岸線を、**うーんと拡大**すると次の図のように、P、Qに向かう経路はほぼ平行とみなすことができます。

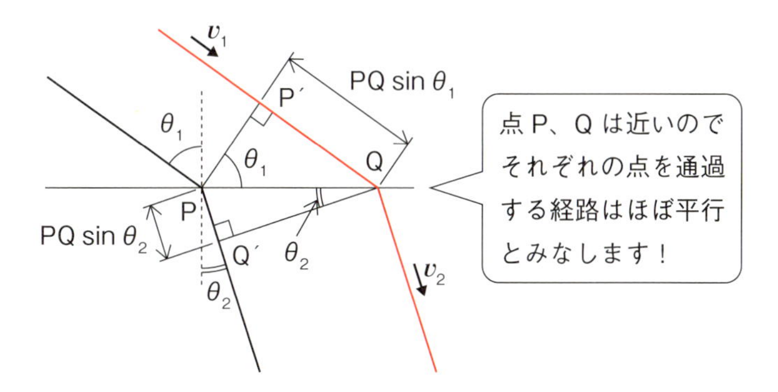

Qを通過する経路にPからおろした垂線の足をP′、Pを通過する経路にQからおろした垂線の足をQ′とします。

すると、Qを通過する経路はv_1の速さでP′Q＝PQsinθ_1だけ余計に進む一方、Pを通過する経路はv_2の速さでPQ′＝PQsinθ_2だけ余計に進むのです。この時間の差こそがt_1なので、次のように表すことができます。

$$t_1=\frac{\mathrm{PQ}\sin\theta_1}{v_1}-\frac{\mathrm{PQ}\sin\theta_2}{v_2}$$

点Qが点Pに近い場合t_1は0とみなすことができましたよね？よって$t_1=0$より、次の関係が成り立ちます。

$$\frac{\mathrm{PQ}\sin\theta_1}{v_1}=\frac{\mathrm{PQ}\sin\theta_2}{v_2}$$

PQを消去し式を変形すると、次の関係が得られます。

↑↑↑↑ワープゾーンここまで↑↑↑↑

コラム　フェルマーの最終定理

実はフェルマーを世界的に有名した数学の定理があります。それは、フェルマーの最終定理です。

フェルマーの最終定理

3以上の自然数nについて、$x^n+y^n=z^n$となる0でない自然数(x, y, z)の組み合わせが存在しない。

上記の式で、$n=2$ならば、$x^2+y^2=z^2$となりますので、自然数の組み合わせは$x=3$、$y=4$、$z=5$などの解があるのがわかりますよね。

ところが$n \geqq 3$の場合、式の見た目は簡単そうなのですが証明が非常に困難で多くの数学者を苦しめたのです。

フェルマーは、次の一節を本の余白に書き残しています。

『この定理に関して、私は真に驚くべき証明を見つけたが、
この余白はそれを書くには狭すぎる』

数学のテストで『私は証明できるが、解答用紙が狭いので書けないです』って書いたら、出題者は激怒するでしょう（笑）。

無責任な書き込みから360年の時を経て最終的に1995年、数学者のアンドリュー・ワイルズが**フェルマーの最終定理**を証明したのです。

$$\frac{\sin\theta_1}{\sin\theta_2}=\frac{v_1}{v_2}$$

砂浜を走る速さv_1＞海を泳ぐ速さv_2なので、$\sin\theta_1 > \sin\theta_2$です。

よって$\theta_1 > \theta_2$となるので、直進に比べ砂浜を余計に走る経路が最善であることがわかりますね。

ちなみに、$\frac{\sin\theta_1}{\sin\theta_2}=\frac{v_1}{v_2}$の関係を屈折の法則と呼びます。

屈折の法則は、反射の法則と同様に**光が経過時間を最小になるように進むというフェルマーの定理**から導くことができること、おわかりいただけるでしょうか。

読者の皆さんも万が一、海でおぼれる人を発見したら、屈折の法則を思い出してください。

東京—大阪間の移動

さて、ここから儲かる物理らしくなります！筆者は、自宅のある東京から大阪に行く機会が多いのですが、読者の皆さんはどのような経路を選びますか？

まさか、江戸時代のように徒歩で移動ってことはないですよね（汗）。

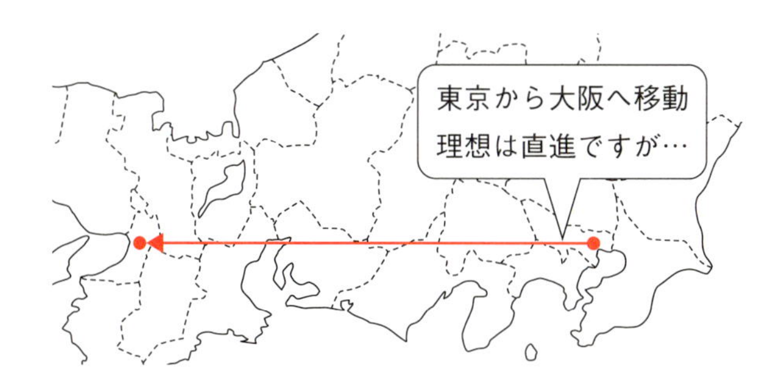

筆者の場合、以前は次の2つの移動が代表でした（過去形です）。

①新幹線で移動

自宅最寄の表参道駅から電車で品川駅に向かい新幹線で新大阪駅、JRでゴールの大阪駅に向かいます。

この場合、経過時間が3時間20分、のぞみの指定席を含めた料金合計が14,650円です。

②飛行機で移動

新幹線を使わずに、飛行機を利用する場合があります。自宅から羽田空港まで電車で移動後、飛行機で伊丹空港まで移動し、伊丹空港から電車で大阪駅に向かうのも悪くないですよね。

この場合は、経過時間が新幹線より若干短く3時間10分、料金の合計が早割などを利用して15,730円です。

フェルマー的な発想であれば、羽田経由の飛行機移動が時間が最小となるので、最善かもしれません。

ところが2、3年前からは上記の①、②のいずれの経路も使わずに、次の③の経路を頻発に利用するようになりました。

③遠回りで時間がめちゃくちゃ掛かる

東京からバスで成田空港に向かい、飛行機で関西空港まで移動。関空から電車で大阪駅へ。この経路を選ぶと、経過時間は6時間30分と①、②の経路の倍以上の時間がかかるのです。

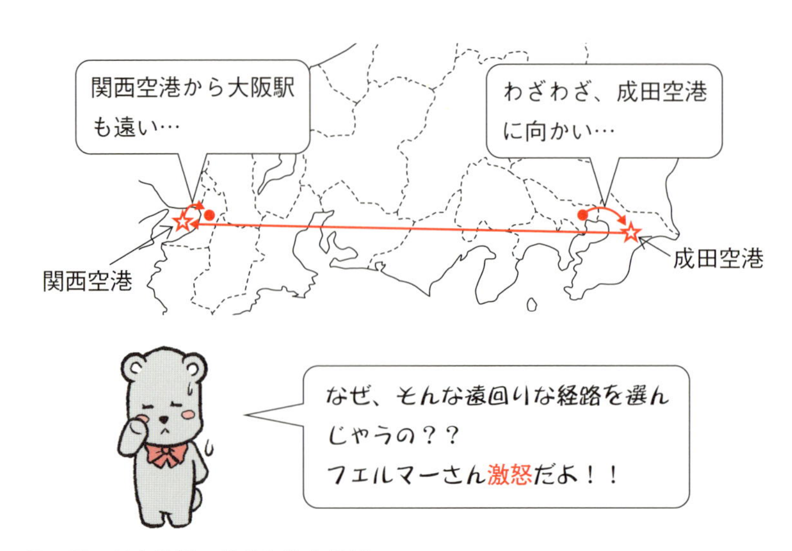

遠回りの成田空港を経由するのは、LCC（格安航空会社）の存在があるからです。LCCの場合、成田—関空が数千円しかかからないのです。これは、羽田経由の**レガシー**（ANA、JAL）の1/3程度の料金です。ただし、自宅から格安バスで成田まで2時間、最低でも搭乗時間の1時間前に着く必要があります。関空から大阪駅までさらに、1時間近くかかるのでトータルで6時間30分程度かかります。

自宅—成田、関空—大阪駅までの交通費を含めると料金は7,300円ほどになります。安いですよねえ…。

④二度と乗りたくない深夜バス

ものの試しに深夜バスを利用したのですが、深夜自宅を出て翌朝梅田（＝大阪駅）まで8時間ほどかかりました。料金は3列シートで5,600円です。安いのですが、体力を奪われました（涙）。

東京—大阪移動の法則性を見出す

以上の話から、経過時間と料金のあいだに法則性を見出すことができませんか？それは、「料金が安いほど経過時間が長くなる」です。

筆者は、料金と経過時間は反比例の関係があるのではと考えました。まず移動の料金を文字でCと表します。

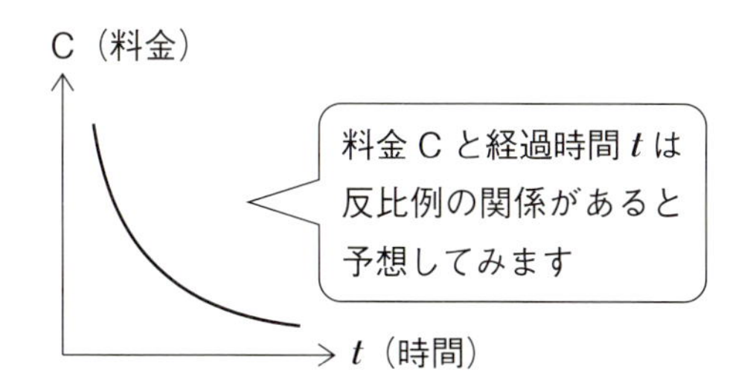

料金Cと時間tが反比例の関係であることを示すには、どうすればよいでしょうか？

Cがtに反比例とはCが$\frac{1}{t}$に比例するということですね。言い方を変えると$t\times C$が一定だと言えばよいのです。そこで$t\times C$について調べましょう。

表　東京→大阪の交通手段と時間、料金の関係

	時間t〔時間〕	料金C〔円〕	t×C
①新幹線	3時間20分	14,650円	48,833
②羽田、飛行機	3時間10分	15,730円	49,811
③成田、LCC	6時間30分	7,300円	47,450
④深夜バス	8時間30分	5,600円	47,600

いかがでしょうか？時間t×料金Cがほぼ48000に近い数字となっていますよね！

まさに**料金Cは時間tにほぼ反比例**していることがわかりますよね。

時間t×料金C≒48000の関係を、以後**スズキの法則**と名付けます（笑）。

スズキの法則（東京―大阪移動）

東京―大阪移動

経過時間t×料金C≒48,000〔時間・円〕

$$料金\ C \fallingdotseq \frac{48000}{t}$$

（東京―大阪の移動料金は経過時間tに反比例）

さて、読者の皆さんはどのコースを選びますか？単純に料金だけを考えると深夜バスですが、それでも多くの人は③、④ではなく新幹線か羽田経由の飛行機を選ぶのではないでしょうか？

では、その行動の原因は何でしょう？料金の安さだけでは人間の行動に結びつかない理由を次に考えます。

機会費用（時は金なり）

経済学の用語に**機会費用**があります。機会費用とは本来利益を生み出すことができた時間を、他のことをする時間に当てたために、失われた利益です。

例えば、ある大学生がバイトすると時給1,000円の利益が得られるのに、スマホのゲームに夢中になり10時間経ってしまったとします。

ゲームをしたことで得られる利益は0円ですから、機会費用は10,000円となります。しかしながら、バイトに熱中することで勉強が疎かになり、卒業時のスキルや能力を上げることができなかった場合はより大きな機会費用が生まれる可能性があります。

長期的な視点で機会費用を正確に計算することは、なかなか難しいですよね。

東京から大阪に移動する場合、**交通費とは別に経過時間に対する機会費用を足し合わせた合計が実際のコスト**とみなすことができます。

時給1000円の大学生ならば、経過時間tに対する機会費用をPと表すと、$P=1000t$と**比例式**で表すことができます。グラフは次のように単純な比例関係ですね。

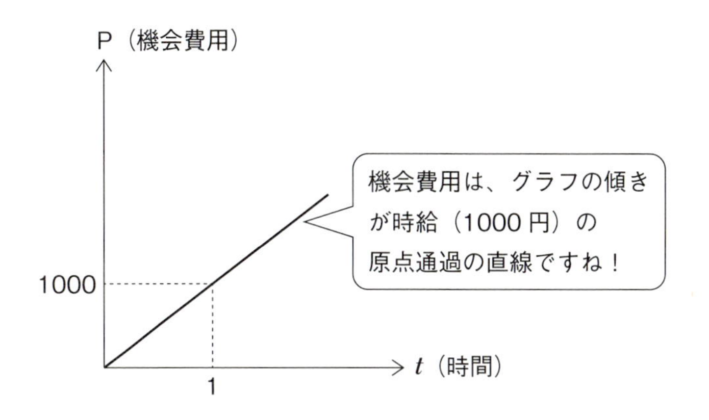

東京―大阪、最善の解

では、東京から大阪に移動する場合の移動料金Cと機会費用Pを合わせた合計Sを最小にすることを考えてみましょう。

料金Cはスズキの法則より$C=48{,}000/t$、時給1000円の学生の機会費用Pは、$P=1000t$となりますね。

合計S＝P（機会費用）＋C（移動料金）は次のグラフのように、PとCが交わる点●で最小になるのです。

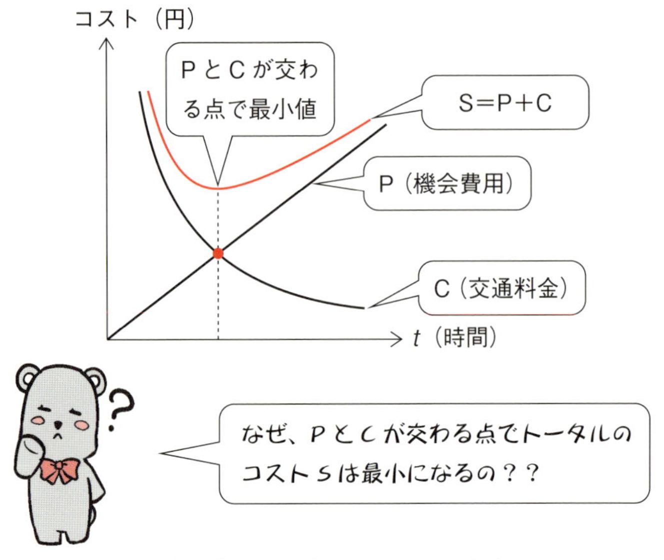

なぜ、PとCが交わる点でトータルのコストSは最小になるの？？

Sを時間tの関数として式で表すと、次のようになります。

$$S=P+C=1000t+\frac{48000}{t}$$

上記の式の最小値は、次の**相加相乗平均の関係**を利用します。

相加相乗平均の関係

$a \geqq 0, b \geqq 0$の場合

$$\frac{a+b}{2} \geqq \sqrt{ab}\text{、等号成立は}a=b$$

$$S=P+C=1000t+\frac{48000}{t} \geqq \sqrt{1000t \cdot \frac{48000}{t}}$$

上記の式で＝となる場合がSの最小値ですね。

＝となるのは、相加相乗平均の関係より、P=C（つまりグラフが交わる点ですね）の場合です。P=Cを式で表します。

$$1000t = \frac{48000}{t}$$

上記の式をtについて求めます。

$$t^2 = \frac{48000}{1000} = 48$$
$$t = \sqrt{48} = \sqrt{16 \times 3} = 4\sqrt{3}$$
$\sqrt{3} = 1.73\cdots$なので
$$t = 4 \times 1.73 = 6.92 \fallingdotseq 7\text{ 時間}$$

また、$t=7$時間の結果を機会費用Pとスズキの法則；
交通費 $C = \frac{48000}{t}$ を用いて交通費Cを計算すると次のようになります。

$$\text{機会費用 } P = 1000t = 1000 \times 7 = 7{,}000\text{ 円}$$
$$\text{交通費 } C = \frac{48000}{t} = \frac{48000}{7} \fallingdotseq 6{,}860\text{ 円}$$

トータルのコストSはS＝P＋Cより、次のようになります。

$$S = P + C = 7{,}000\text{円} + 6{,}860\text{円} = 13{,}860\text{円}$$

成田経由のLCCの経過時間が6時間30分で交通費は7,300円ですから、上記の結果に近い数字ですよね？つまり、時給1,000円のバイト君の選択肢は必然的にLCCコースとなるわけです。

筆者が大阪に行く際はLCCを頻繁に利用するわけですが…ってことは、筆者の時給は1,000円だったのか！？

時給a円の人が大阪に行く場合、コストが最小になる経過時間tは次の関係が成り立ちます。

$$at = \frac{48000}{t}$$
$$at^2 = 48000$$

時給a=10,000円ならば、経過時間tは次のように計算できます。

$$t=\sqrt{4.8}\fallingdotseq 2.2\text{ 時間}$$

新幹線や羽田経由の飛行機でも3時間は掛かるので、時給1万円の高給取りは、リニアモーターカーが待ち遠しいでしょう。

しかし、リニアモーターカーなどを使わずにいくらでもお金をかけてよいならば、東京—大阪をたった8分で移動する方法があります。

究極の移動方法を、次に説明します。

究極の移動

東京から大阪に最短経路で行くために、2都市を地下トンネルで結ぶことを考えます。

2都市をトンネルで結ぶの！！！

どんな形の地下トンネルが最善なのか？

まず、次の京都府立大学で出題された入試問題を考えてください。

96年京都府立大4(2)

スキーをしていて熊に遭遇したとする。斜面の下の山小屋に逃げ込めば安全である。山小屋では図に示すような断面図を持ったA、B、Cの3つのルートがある。熊はスキーヤーと同じルートを追い、スキーは抵抗なく滑り、熊が走る速度は斜面の傾斜に関係なく等しいと仮定した場合、どのコースを通ればスキーヤーが逃げ切る可能性が最も高いか、理由をつけて答えよ。

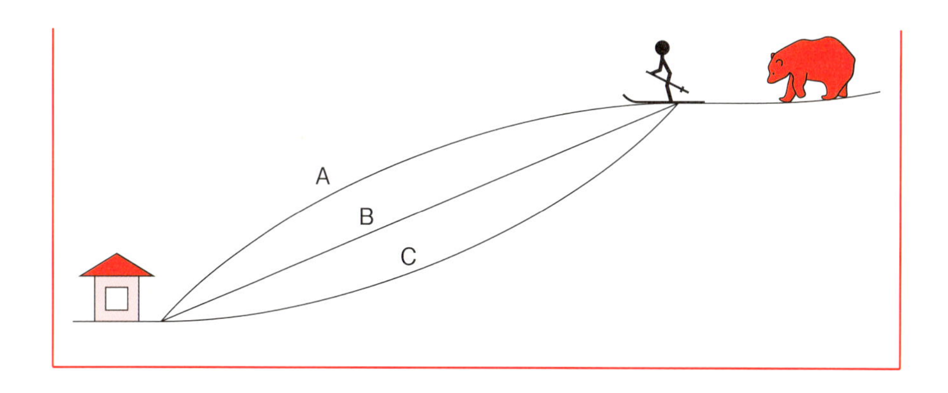

かなり、緊迫した状況ですよね。スキー場で背後からクマが近づいている。早く逃げて山小屋に逃げ込んでください！

Aの経路を選ぶことは、なさそうですよね…。

スタートで斜面が緩やかだと、速度がなかなか増えないので一定の速さで近づくクマに追いつかれガブッと…。

筆者が教えている予備校生に聞いたところ、直線経路Bが最短距離なので早く逃げられそうという意見が多かったのです。

実は…Bより経路が長いCが正解です。

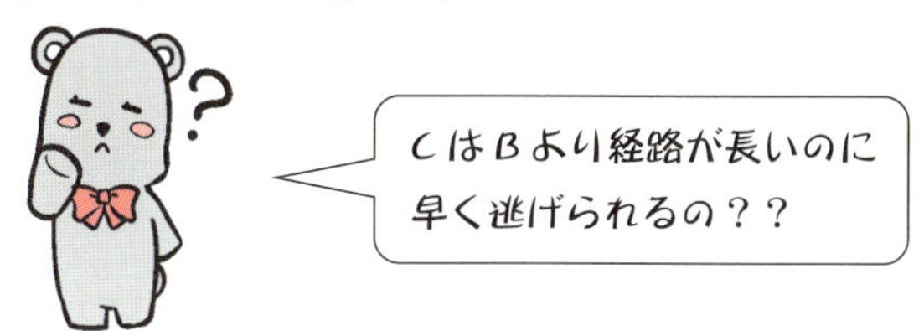

もしスキーヤーの速さvが一定ならば、最短距離Bが最善ですよね？ところが、鉛直方向の移動距離がhの場合、前章で学んだ**力学的エネルギー保存の法則**より、次の関係が成り立ちます。

$$mgh = \frac{1}{2}mv^2$$

上記の式から、vを求めると次のようになります。

$$v = \sqrt{2gh}$$

つまり、hが大きくなるほど速さvは増大します。このように速さがどんどん増す場合、どのような経路がよいと思いますか？

まず、次の図のように、スキーヤーが移動する経路をⅠ、Ⅱ、Ⅲの3つの区間に分けます。

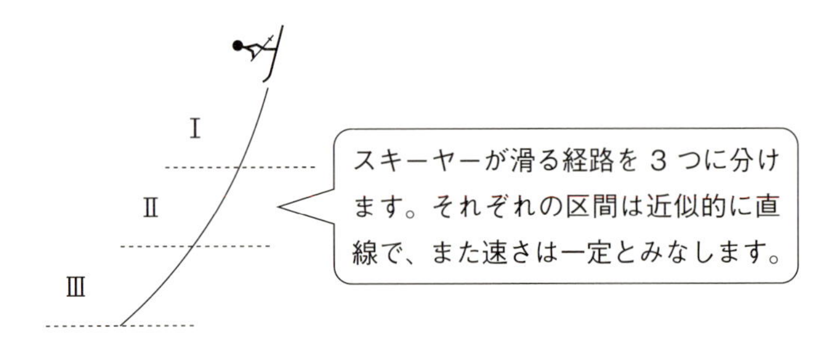

Ⅰ、Ⅱ、Ⅲのそれぞれの区間は近似的に直線で、また速さは一定とみなします。さらに、それぞれの区間の法線（鉛直線）に対する角度をθ_1、θ_2、θ_3とし、速さをv_1、v_2、v_3とします。

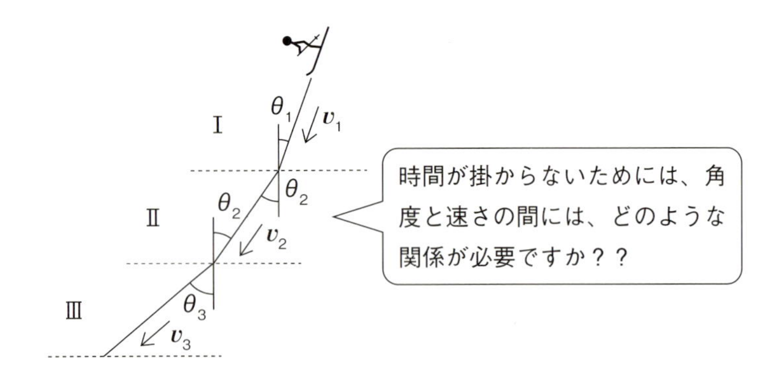

ここで**フェルマーの定理から導いた**屈折の法則を思い出してください。海に溺れている人を助けるって話がありましたよね？

屈折の法則のおさらいです！

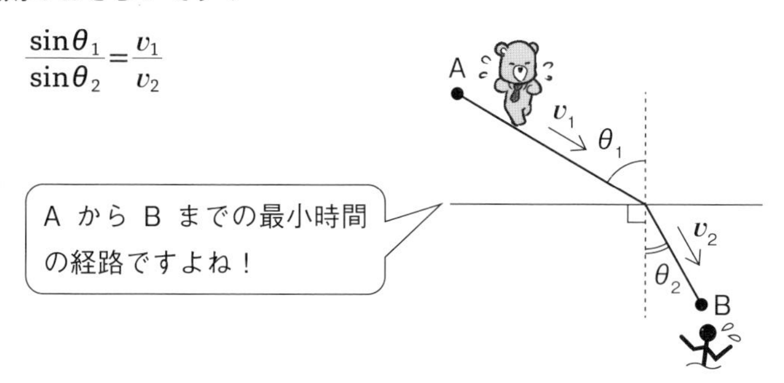

屈折の法則を次のように変形します。

$$\frac{\sin\theta_1}{v_1}=\frac{\sin\theta_2}{v_2}$$

上式は、**法線に対する角度θに対する$\sin\theta$と速さvの比$\dfrac{\sin\theta}{v}$が一定**であることを表しています。

スキーヤーも時間を最小にしたいのだから、屈折の法則が利用できるはずです。
3区間に分けた経路での角度と速さの間にも、屈折の法則と同様に次の関係が成り立ちます。

$$\frac{\sin\theta_1}{v_1}=\frac{\sin\theta_2}{v_2}=\frac{\sin\theta_3}{v_3}$$

下に行くほど、速さvは増加するので、$v_1<v_2<v_3$となり、角度も$\theta_1<\theta_2<\theta_3\cdots$と、どんどん増加します。
よって最初は、鉛直線に対する斜面の角度が小さい急斜面で、下に行くほど鉛直線に対する角度が大きい、なだらかな斜面となるものを選べばよいのです。
では、改めて問題の図をご覧ください。

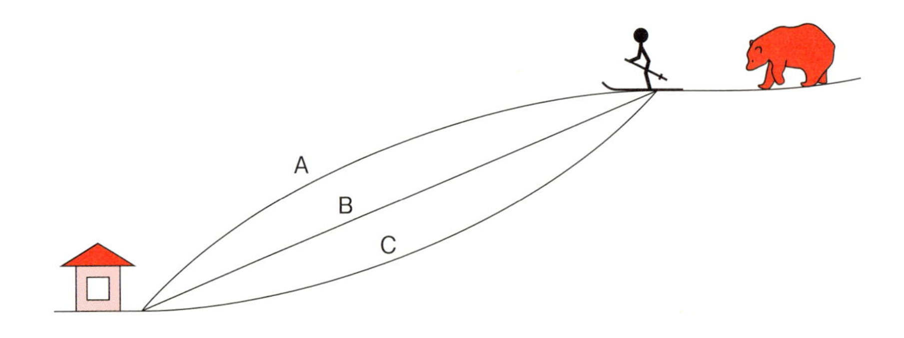

（解答例）

速度が小さいスタートの段階は急斜面で、速度が増えるにしたがって緩やかな斜面となるコースが時間がかからない。

よって、**コースC**…答

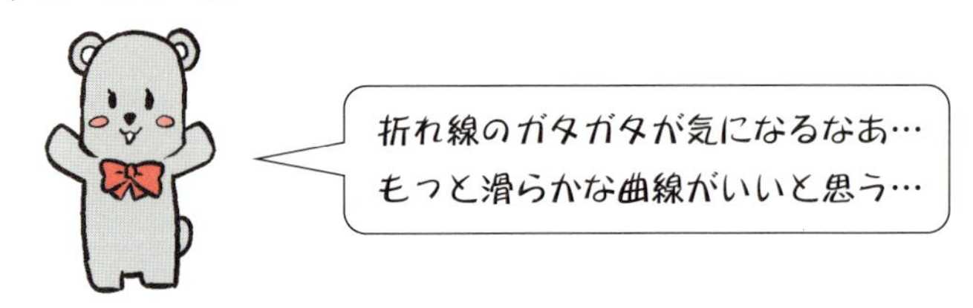

ちなみに、3つの区間にわけてそれぞれの区間を直線とみなすのは、あくまでも近似的な考えです。

もし、区間分けを3つではなく、10、100、1000…と、どんどん大きくするとだんだん経路は滑らかになり、ある曲線となります。どのような曲線になるのか？実は**サイクロイド**になります。

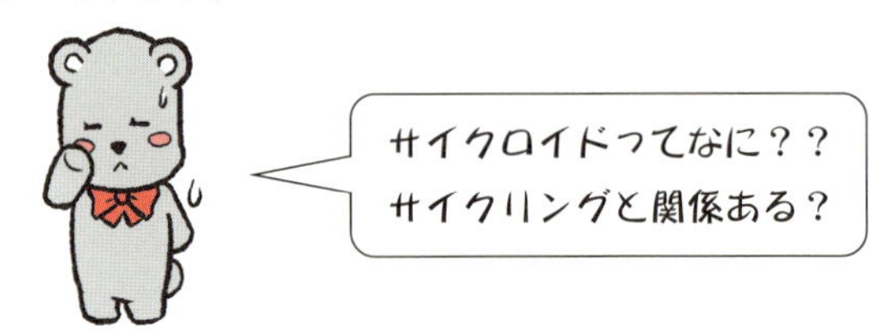

次の図のように、円の真下に目印となる黒丸●を与え、水平面上で円を転がします。半径rの自転車のタイヤのある一点の動きを追うのです。サイクリングと関係ありですね！

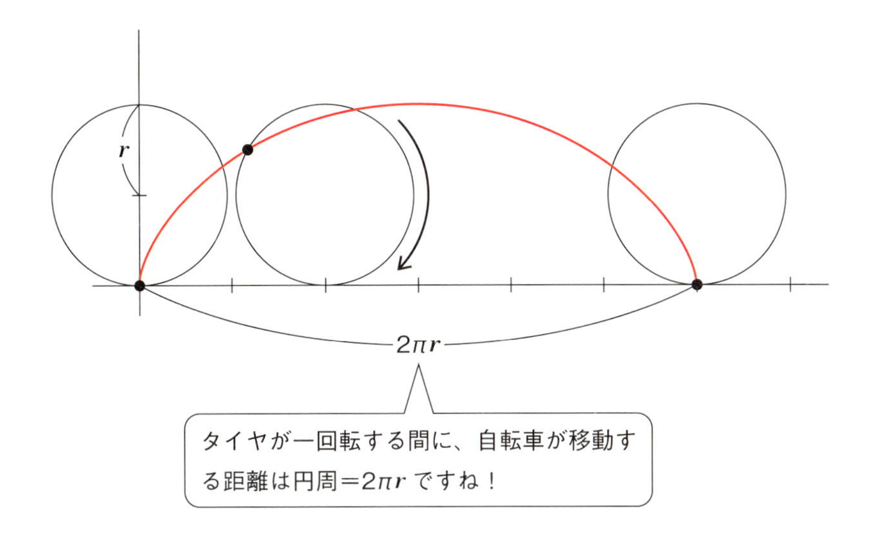

上記の曲線がサイクロイドであり、任意の2点を移動する最善の曲線となります。スキーヤーが選ぶべき曲線は**サイクロイド**であり、この曲線を最速降下曲線というのです。

東京―大阪、地下トンネルで結ぼう！

東京と大阪を地下トンネルで結ぶ場合、次の図のように最速降下曲線つまり、サイクロイドで結ぶと時間が最小となります。

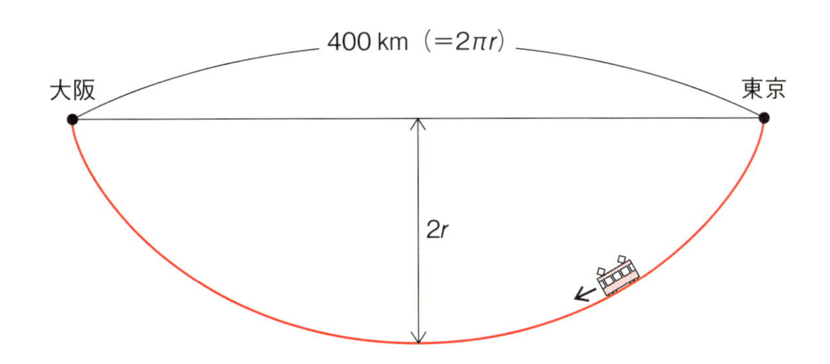

東京―大阪間の距離は、400kmです。この距離が$2\pi r$に一致するように、半径r

を計算すると次のようになります。

$$2\pi r = 400\text{km}$$
$$r = 63.7\text{km}$$

もし、摩擦と空気抵抗が無視できるならば、動力源は不要です。出発時に電車が持つ位置エネルギーが下に進むにつれて運動エネルギーに替わり、最下点から大阪までは、運動エネルギーが位置エネルギーに替わるというまさに前章で登場したエネルギー保存の法則を利用した究極の移動手段となります。

ちなみに、最深部は$2r$なので、約127kmです。

深さhを通過する速さvは、**エネルギー保存則**から得られた$v=\sqrt{2gh}$ですね。

$h=2r=127$kmを代入すると、次のように計算できます。

$$\text{最深部の速さ } v=\sqrt{2\times 9.8\times 127\times 1000}$$
$$=1578\ \text{〔m/s〕}=\text{音速の約5倍}$$

うーん、突っ込みどころ満載の結果です。スタートがほぼ自由落下で最深部で戦闘機を上回るスピードですから、この移動方法は命がけとなるでしょう。

参考までに、所要時間tはサイクロイドの半径rと重力加速度gを用いて次の式で計算できます。なお、πは円周率＝3.1415…です。

$$t=2\pi\sqrt{\frac{r}{g}}$$
$$=506\ \text{〔S〕}=\text{約8分}$$

なんと、8分で大阪に移動できます。理論上は…ですが。

ちなみに、**スズキの法則；料金×経過時間≒48,000〔時間・円〕**を利用すると料金は…

36万円となります（涙）。

その代わり、機会費用は極めて少ないのですが、さて読者の皆さんはこのトンネルが実現されたら乗りたいと思いますか？

第5章

神はサイコロを振らない！？（カジノ必勝法）

手っ取り早く儲ける方法と言えば、読者の皆さんは宝くじや競馬などのギャンブルを思い浮かべるかもしれません。

もちろん、ギャンブルは確率が支配する世界なのですが、この章では物理的思考法を利用するとギャンブルでも儲かる方法があることを筆者の経験を基にお話したいと思います。

今回の話はまず、1654年にさかのぼります。

確率が学問になったきっかけはギャンブル

ギャンブル好きなフランスの貴族メレがあるゲームの賭け金の配分について、数学者のパスカルに次のような相談したのです。

そのゲームは**3勝したほうが賭けた金額を総取り**なのですが、メレの2勝1敗でゲームを止めてしまったのです。

貴族メレから数学者パスカルへの相談内容

2勝1敗で終わったので、勝った割合のとおり、賭け金のうちメレが2/3、相手が1/3の割合で分けたのだがこれは正しいのでしょうか？

パスカルはこの質問について、前章で登場した弁護士なのに、余興で数学やるアイツ、フェルマーへ手紙を送ったのです。

フェルマーからパスカルへの解答

メレの配分は間違っているよ！！2勝1敗の後の4回目、5回目の勝敗を全て書き出すと次のようになる。

メレの勝敗	○勝ち	×負け

1 2 3回目	4回目	5回目	
○○×	○		メレ勝ち
○○×	×	○	メレ勝ち
○○×	○	×	メレ勝ち
○○×	×	×	メレ負け

表を見てわかるように、メレが勝つ割合は3/4となっている。
よって、**配分はメレが3/4、相手が1/4が正解！！**

このパスカルとフェルマーのやり取りがきっかけで**確率が学問の対象**となったのです。確率は**不確実な現象**を対象として、現象が起きる割合を調べる学問です。これと同時代に登場したのが、**ニュートンの運動方程式**です。

運動方程式は、物体の運動が将来どのように振る舞うのかを決定づけるので、将来必ず起きる**確実な現象**を相手にしています。

本書ではまず、**私たちの人生を含めたこの世の未来は全て決定しているのかどうか**を考察します。さらに、物理と確率の関係を示して、最終的には貴族の賭け事で始まった確率を利用して**カジノで勝つ方法**を、筆者の経験を踏まえてご説明したいと思います。

ラプラスの悪魔

第2章で登場した**運動方程式**$F=ma$をはじめとする**ニュートン力学**が正しければ、この世に存在する全ての物体の運動が正確に記述できることになります。

すると、人はオギャーと生まれた直後から肉体を作っている原子、分子の初期条件（初速度や位置）がわかっていれば、その人の運命は決まっちゃうことになりますよね？

フランスの物理学者かつ数学者である**ピエール＝シモン・ラプラス**は、人間を含めた全宇宙の運命は決定していると主張しました。これは、恐ろしい話です。宇宙が始まったときから一つ一つの粒子の運動を全て把握している知性を持った悪魔のような何者かがいたとします。

するとこの悪魔は、筆者がこの先どのような運命をたどっていつ死ぬかまでを把握していることになります。こわ…

これを**ラプラスの悪魔**と言い、ニュートン力学を擬人化した存在です。

ラプラスの悪魔は、本当に存在するのか？

つまり、宇宙の運命は決定しているのでしょうか？

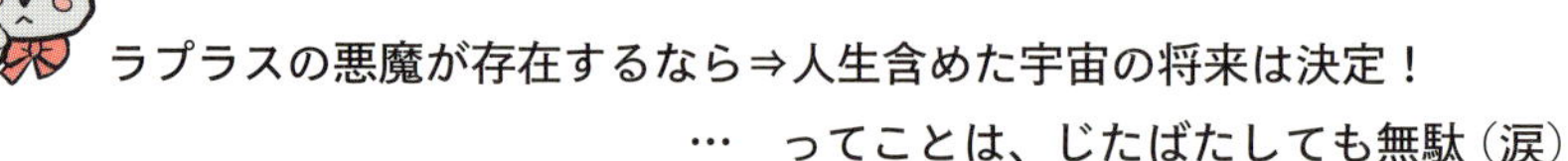

ラプラスの悪魔が存在するなら⇒人生含めた宇宙の将来は決定！

… ってことは、じたばたしても無駄（涙）

ラプラスの悪魔が存在しないなら⇒人生含めた宇宙の将来は未決定！

…運命は、どうなるかわからない（ワクワク）

例えば、次の図のように、2つの天体1、2が互いに**万有引力**F_{12}で引きあっているとします。

それぞれの天体について**運動方程式**$F=ma$を立てて、運動方程式を解くと2物体の運動は正確に記述することができます。

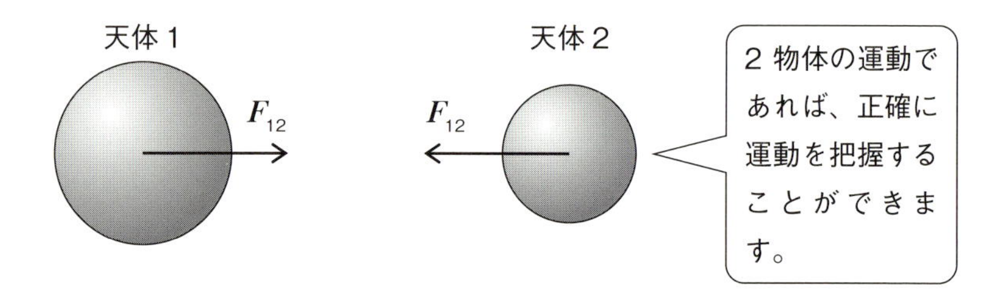

では、次の図のように、3つの天体1、2、3が互いに万有引力で引きあっている場合は、どうでしょうか？

もちろん、それぞれの物体について運動方程式を立てることができます。

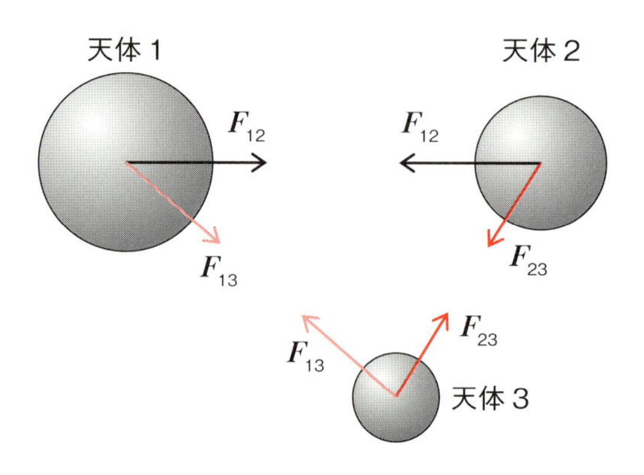

ところがです。**運動方程式は立てることができるのに、その方程式を解くことができない**のです。物理学ではこれを、**3体問題**と言います。

解けないと聞くと解がないと思うかもしれません。ところが、**解はあるはず**なのです。なぜなら、3物体の運動方程式が解けるか解けないかに関わらず各物体は万有引力を受けながら運動するわけですから、実際の運動そのものが解となります。

太陽と地球と月の運動はもちろん**3体問題**です。ただし、太陽に比べて月の質量はとても小さいのでとりあえず月の影響は無視して太陽と地球の2体問題と考えます。2物体ならば解くことができます。

次に月は太陽からの距離に比べて地球からの距離が近いですよね。よって月はほぼ地球の引力のみで運動すると考えると、これも2体問題なので解くことができます。ただしこれは、あくまでも**近似計算**なので実際の軌道に合うように補正を加える必要があるのです。

物体の数がたった3つで運動が解けないということは、人間のようなより多くの原子、分子から構成されている物体の未来をニュートン力学で解くことはできないはずです。

ラプラスの悪魔は人間を含めた宇宙がこの先どのような運命をたどっていつ死ぬかまでを把握している存在でしたよね？

ところが、物体の運動が解けないとなると、宇宙の運命を把握する存在が否定されることになります。

よって、この段階で、ラプラスの悪魔の存在が怪しくなることがわかります。

さらに、このラプラスの悪魔を完全に否定したのが、次に登場する**量子力学**です。

コラム　解があるはずなのに解けない方程式

解があるはずなのに解けない例は数学の世界にもあります。

例えば次のような2次方程式には、解の公式があるのはご存知ですよね？

$$ax^2+bx+c=0\ (a\neq 0)$$

解は $x=\dfrac{-b\pm\sqrt{b^2-4ac}}{2a}$ です。

次の3次方程式、4次方程式にも解の公式があります。

$$ax^3+bx^2+cx+d=0、ax^4+bx^3+cx^2+dx+e=0、$$

ところが、5次以上の方程式には解の公式がないことをフランスの数学者ガロアが10代で証明しています。解があるはずなのに解けないのは悲しいことですが、もっと悲しいことはガロアが若干20歳で決闘で命を落としていることでしょう。

量子力学

量子力学の始まり…光の粒子性

金属の表面に光を当てると、電子が飛び出す現象が光電効果です。この現象は、19世紀末に発見されました。

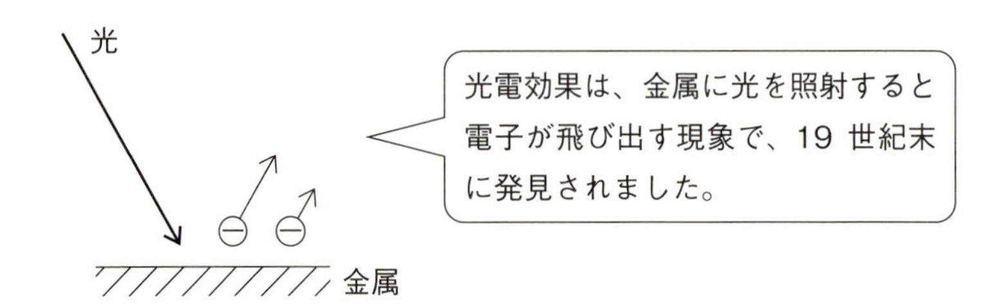

第2章の後半で登場した**ヤングの実験**によって、光は波であることが示されたはずです。ところが、困ったことにこの現象は光を**波**と考えると、うまく説明できないのです。

光電効果を説明するために、アインシュタインは光を**粒子**の流れと考えました。

第2章で説明した通りニュートンは、光を粒子と考えたのですが、ヤングがニュートンの粒子説を否定し光が波であることを実験で証明しましたよね？

ところが光電効果を説明するために、アインシュタインが光の粒子性を唱えたわけです。全くもって忙しい話です。

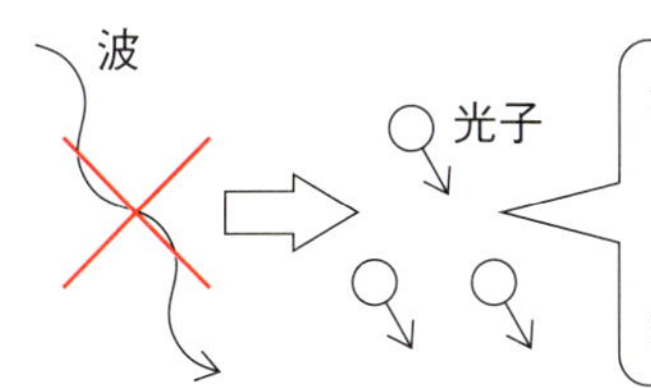

光電効果は、光を波と考えると説明できない現象なのです。
そこで、アインシュタインが光を粒子の流れと考えました。

アインシュタインはこの粒子を光子（または光量子）と名付け、この考えが光電効果をうまく説明できることがわかりました。

アインシュタインと言えば**相対性理論**が有名なのですが、光電効果の光量子仮説の論文で、1921年にノーベル賞の取得となったのです。

2章では光が波って話だったよね？
だけど光電効果は光が粒子じゃないと説明できないの？
じゃあ、結局光って波なの？
粒子なの？？

第2章で登場したヤングの干渉実験は、光が波でなければ説明できない現象でしたよね？ところが、光電効果は光が粒子でなければ説明できない現象です。すると、光は一体どっちなの？？ってことになります。そこで光は波の性質を持つと同時に、粒子の性質も持っていると考えます。

常識外れの考えですが、波動性、粒子性両方のキャラクターを兼ね備えている状態を2重性と呼びます。

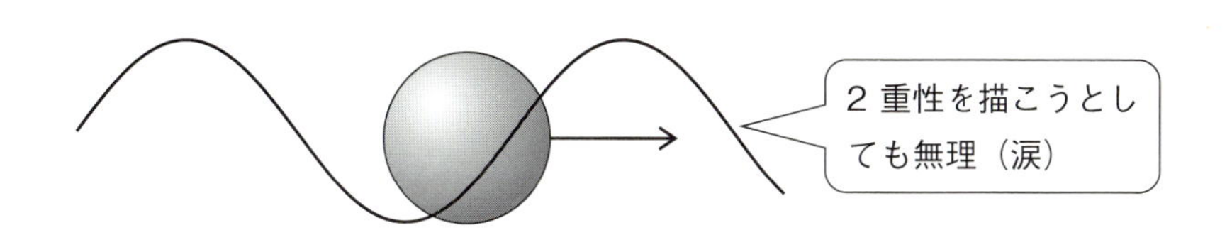

2重性のイメージは普段まじめなのに、飲むと大暴れする職場の上司のような存在です（ちょっと違うか笑）。

光が波動性、粒子性の両方を兼ね備えた2重性を持つという奇妙な考え方が**量子力学**という新しい学問のはじまりとなったのです。

粒子の波動性

光が波動と粒子の2重性を持つならば、今まで粒子と考えられてきた**電子や陽子などの粒子が波の性質を持つ**のでは？と考えた物理学者がいます。フランスのルイ14世の末裔である**ルイ・ド・ブロイ**です。

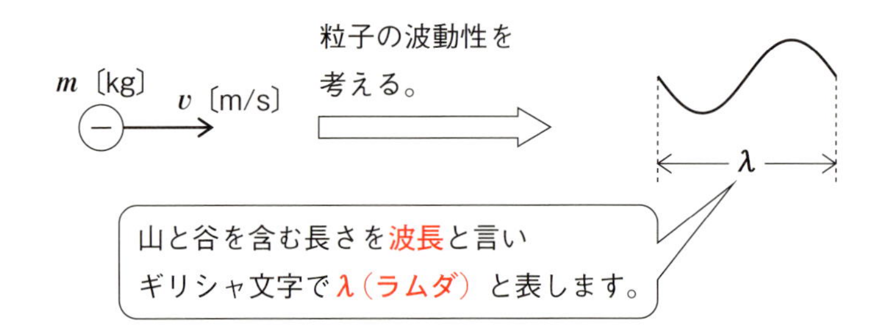

ド・ブロイはアインシュタインの光の粒子性の論文をヒントに、粒子の波動性を表す物理量である波長λ（ラムダ）を粒子の質量m〔kg〕と速さv〔m/s〕を用いて、次のように式で表しました。式の分母に現れたmvを**運動量**と言います。

ド・ブロイの波長公式　$\lambda = \dfrac{h}{mv}$

上記のhは**プランク定数**といい、$h = 6.6 \times 10^{-34}$〔Js〕という値です。小数点で表すと、次のように0が34個並ぶめちゃくちゃ小さな数字であることがわかります。

$$h = 0.00000000000000000000000000000000066$$

hがとても小さいので、日常生活で波動性を目にすることはありません。

例えば次の図のように、硬式ボールが飛んでいるとしましょう。硬式ボールの質量mは約150g＝0.15kg、速さがv＝20m/sとしましょう。

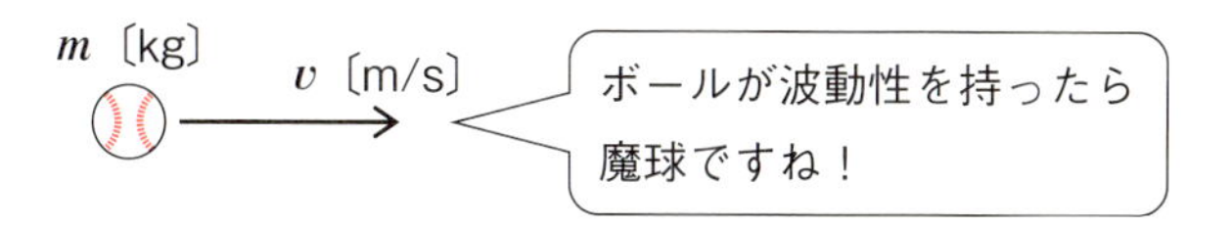

ボールの波長λを計算すると次のようになります。

$$\lambda = \frac{6.6 \times 10^{-34}}{0.15 \times 20} = 2.2 \times 10^{-34} \text{〔m〕}$$

原子の大きさが約10^{-10}〔m〕ですから、上記の波長λはとんでもなく小さな値です。ですから、日常生活では粒子の波動性はほとんど無視できます。

ところが、電子の場合、質量mは9.1×10^{-31}〔kg〕ととても小さいのです。電子の速さv＝1000m/sならば、波長λは次のように計算できます。

$$\lambda = \frac{6.6 \times 10^{-34}}{9.1 \times 10^{-31} \times 1000} = 7.25 \times 10^{-7} \text{〔m〕}$$

上記の結果は原子の大きさに比べて、約1万倍ですから意味のある数値となります。

つまり**電子などの微粒子の運動を考える場合、波動性が無視できなくなり**ます。

ド・ブロイによる粒子の波動性の考えは1924年に示されたのですが、当時は誰も理解できなかったようです。

しかし後に電子線の干渉実験などからド・ブロイの波長公式は合っていることがわかり、1929年（世界恐慌の年ですね！）にノーベル賞を受賞しています。

電子の干渉実験

電子のような微粒子が、本当に波動性を持っているのでしょうか？次の図のように2つのスリットとスクリーンを置き、スリットの左側に電子銃を用意し、バンバン電子を打ち出します。

この場合、スクリーン上に到達する電子はどのような分布となりますか？

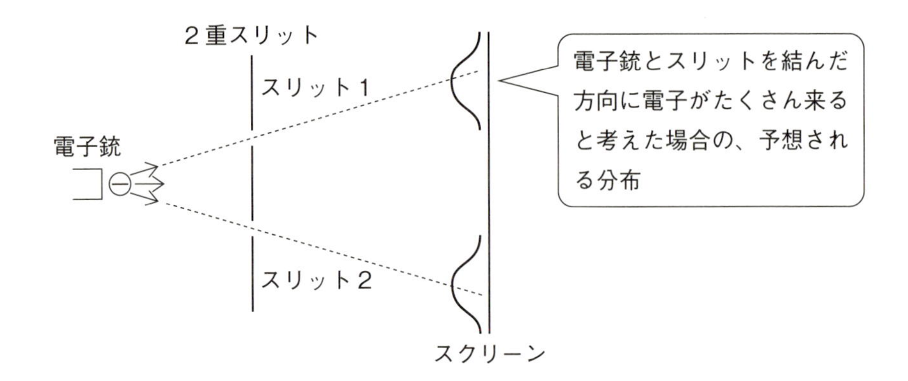

イメージとしては、スプレーのペンキのノズルの先端からペンキの粒子が放出された場合、ノズルの先端とスリット1，2を結んだ方向に粒子がたくさん来るはずなので、上図のような山が2つの分布になると予想できますよね？

ところが、実際の分布は次の図のようにスクリーンの中心部に最も多くの電子が到達し、電子が到達しない部分と電子が到達する部分が等間隔の縞模様となる分布が現れたのです。

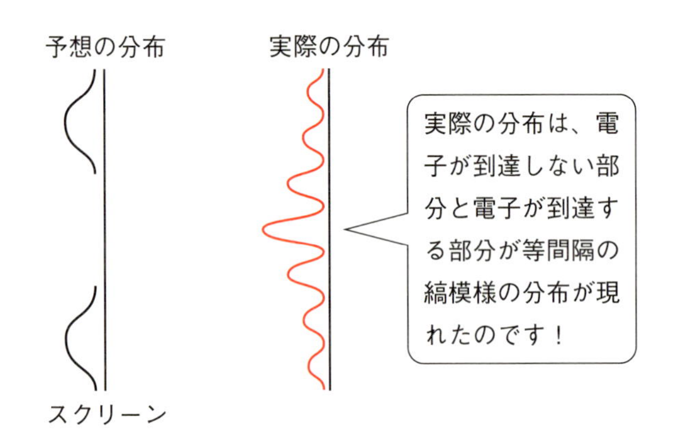

この縞模様の分布は、電子をスプレーのペンキのような粒子と考えると説明できません。そこで電子を波と考えると、第2章で登場した**ヤングの実験と同じ干渉縞と対応させる**ことができます。驚くことにこの分布は、電子を1個ずつ照射しても干渉縞の分布となるのです。

電子１個ずつならば、スリット１、２のどちらかを通過したはずだよね？？

もし、電子の粒子性を考えれば次の図のように、スリット1かスリット2のどちらかを通過したことになります。

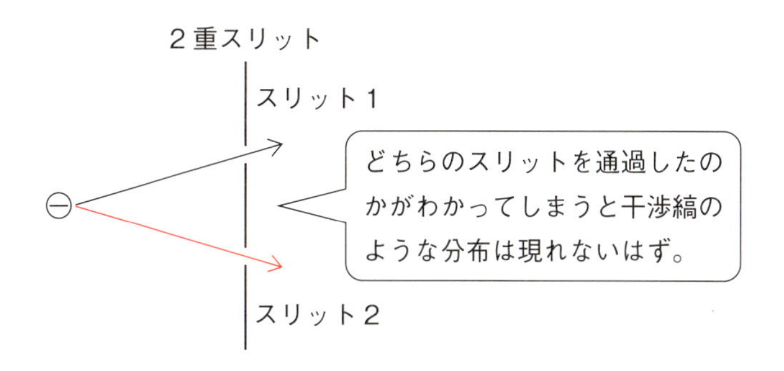

ところが、どちらのスリットを通過したのかがわかってしまうと干渉縞のような分布にはならずに、スプレーのペンキのような2つの山の分布になります。

干渉縞の分布を説明するためには、たとえ**1個の電子でもスリット１と２を同じ$\frac{1}{2}$の確率で通過した**と考えます。これは、決して電子が真っ二つに割れて通過するわけではないのです。

まず、電子を次の図のように2つのスリットに向かう波と考えます。波であれば、2つのスリットを同時に通過し、スクリーン上での干渉縞を説明することができます。

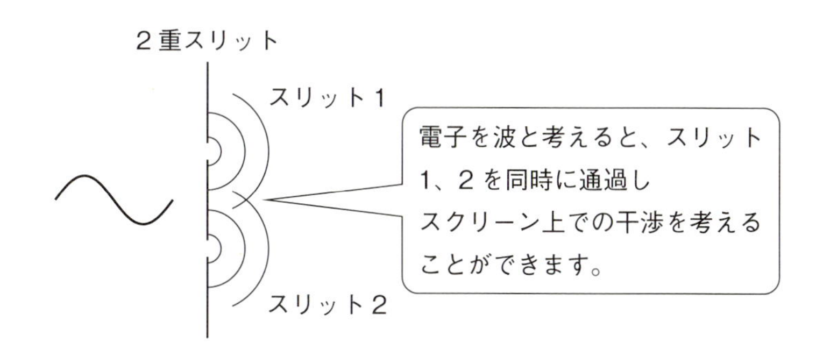

さらに、スクリーン上での電子の分布は、**電子が現れる確率の分布**を表しています。

つまり、**量子力学が正しければこの世は確率が支配する世界**であり、粒子の運動はニュートン力学のように決定しているのではないのです。

この、確率的な解釈にはアインシュタインは真っ向から対立し、次のセリフを述べています。

「He does not throw dice. 神はサイコロを振らない」

しかしながら、量子力学の確率的な解釈に矛盾する実験結果は出ていないのです。

量子力学の登場で、未来を完全に記述できるラプラスの悪魔の存在は完全に否定されることになります。

我々人間も、量子力学の確率的な解釈が正しければ運命は決定しているわけではなく、将来は未確定であることになります。

量子力学の確率的な考えを端的に表した有名な**思考実験**があります。それは、量子力学の創設に多大な貢献をした学者の名前にちなんだ**シュレディンガーの猫**です。

シュレディンガーの猫

原子には放射線を放出するものがあります。これを**放射性同位体**と言います。

放射性同位体は、時間と共に原子核から放射線が放出され、核の個数は時間とともに減少します。減少の速さを表す目安として**半減期T**があります。

はじめ放射性原子核が、N_0個あったとします。放射性原子核は時間とともに崩壊が進むので、最初にあった放射性原子の個数はどんどん減少します。放射性原子核の個数が、はじめの個数の半分$=\frac{1}{2}N_0$になるまでの時間が半減期：Tです。半減期Tは**スタートの個数によらない、原子核の種類で決まる定数**なのです。

例えば、ウラン238ならば半減期Tは45億年ととんでもなく長い奴がいるかと思えば、ラドン222ならば半減期は3.8日ととても短い奴もいます。ラドン222は核からヘリウムの原子核であるα粒子を放出する崩壊を行います。これを**α崩壊**と言います。

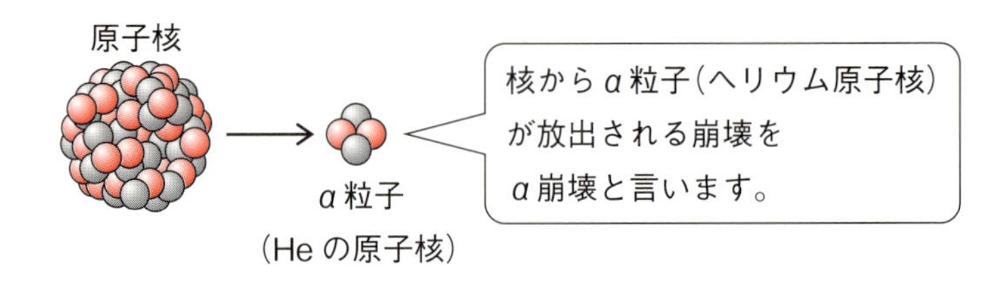

ラドン222に注目すると、はじめN_0個あったラドンが、3.8日経過すると半分の$\frac{1}{2}N_0$個になります。

ということは、半減期Tごとに放射性原子核の数は半分、半分、半分…と指数関数的に減少します。

$$N_0\text{ 個} \xrightarrow{T\text{（半減期）}} \frac{1}{2}N_0 \xrightarrow{T\text{（半減期）}} \frac{1}{4}N_0 \cdots\cdots$$

ラドン222の個数が半分、半分…と減少しついに1個になったとします。

では1個のラドン222が半減期$T=3.8$日経過するとどうなりますか？

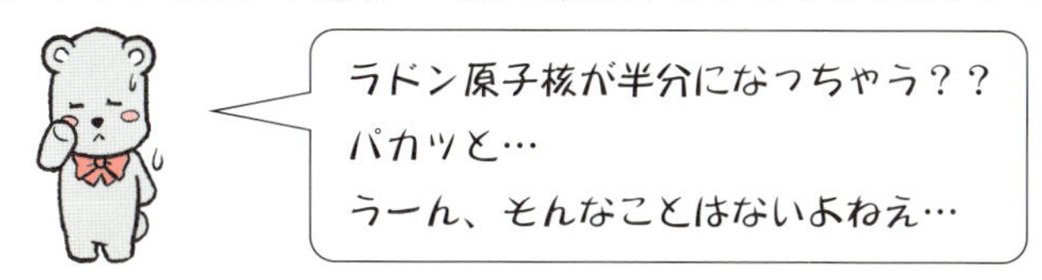

答えは、次の通りです。

崩壊してα粒子を放出する確率が1/2

崩壊せずα粒子を放出しない確率が1/2

まさに、原子核の崩壊も確率の支配する世界であることがわかります。

ここで、シュレディンガーの猫が登場します。次の図のように、箱の中に猫と青酸ガスの入った瓶とガイガーカウンターにつながれた瓶を割る装置を入れます。

ガイガーカウンターが放射線を検出すると装置にスイッチが入り瓶が割れて、青酸ガスによって猫は死んでしまうという何とも残酷な仕掛けです。このガイガーカウンターの前に先ほどのラドン222を1個置きます。

では、半減期$T=3.8$日が経過すると箱の中の猫はどうなりますか？

半減期3.8日経過後、α崩壊する確率1/2なので、箱の中の猫は**生きている確率が1/2、死んでいる確率が1/2**となりますので、生きている猫と死んでいる猫の重ね合わせの状態が生まれます。

この話は、量子力学の確率的な解釈の不思議さを表しています。生死が半分半分なんてとてもばかげていると思えますよね？

ところが実際に確かめる実験を行うことも様々な意味で難しく、**そんな状態はあるわけない！**って言い切ることもできません。シュレディンガーの猫は、未解決の問題なのです。

さて、ここまでの話でわかったように**量子力学の確率的な解釈によってラプラスの悪魔は完全に否定された**わけです。

ですから、我々の運命は確率抜きでは語ることができません。

不確かな世界を生き抜くためには、**物理的思考に加えて、確率や統計的な考え方**を身に付ける必要があるのです。

カジノ必勝法

確率が支配する世界

読者の皆さんは、急に確率、統計的な考えを身に付けろって言われても困るかもしれませんが実は身近ではありませんか？

例えば、宝くじを一度は買った経験があるのではないでしょうか？あるいは、競馬の馬券を購入するなどのギャンブルの経験はなくても、トランプで勝ち負けを競うゲームをやったことはあると思います。宝くじ、競馬、トランプのゲーム…これらは全て確率が支配する世界です。

また、2016年末に**カジノ法**が成立しました。とうとう、日本でもカジノが始まるのです。カジノはまさに確率が支配する究極の世界と言えるでしょう。

カジノに対して、読者の皆さんはどのような印象をお持ちでしょうか？ちなみに筆者は、カジノと聞くとお恥ずかしいお話ですが、よだれが止まりません（笑）。カジノの本場はラスベガスで、筆者は既に10回以上この場所を訪れています。

何のためって？もちろん、**勝つため**です！ここからは筆者の経験を踏まえて、**確率と物理的思考力を利用してどのように勝つことができるか**をご説明したいと思います。

ギャンブルの返戻率

手始めに、様々な賭け事がどれくらいの確率で勝てるかを考えてみましょう。日本でカジノが始まると、読者の皆さんも気軽に参加することがあるかもしれません。どうせ参加するなら**勝って帰りたい**と思いませんか？負けるならギャンブルはやらないほうがましですよね？

そもそもカジノは確率が支配する世界ですから、確率について学ぶ必要があります。まず、次の**返戻率**の表をご覧ください。

返戻率	
宝くじ	45%
競馬、競輪等の公営ギャンブル	75%
ルーレット（ラスベガス）	94.7%
ブラックジャック（ベーシックストラテジー）	98～99%

返戻率は、賭けた金額に対する期待される戻りの割合を表しています。例えば、宝くじの場合、返戻率が45%ですから、100円投入して期待される戻りの金額は45円です。残りの55円は、国に収められるのです。ですから、**宝くじ売り場に並ぶのは、国に貢献したいという高い志を持つ人ばかり**なのです。

競馬は、返戻率が75％なので宝くじの45％よりはましですが、25％が国に収められるので、勝つ見込みが極めて0に近い絶望的なギャンブルです。

日本で行われている公営ギャンブルは圧倒的に胴元（プレーヤー）が有利なシステムとなっています。公営ギャンブルの返戻率に比べると、カジノの返戻率はとても良心的です。

（例1）ルーレット

ラスベガスのルーレットの場合、返戻率は94.7％です。

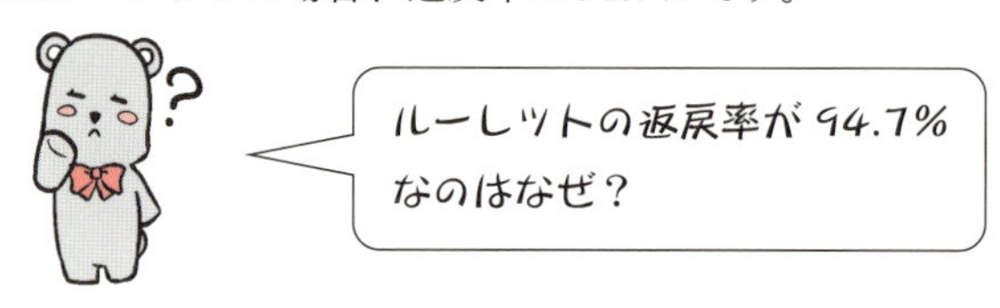

ラスベガスで使われているルーレットはアメリカンルーレットと呼ばれ、「0」「00」を含む、1から36までの38個の数字で構成されています。

ある数字の1点にチップを賭けて当たると36倍の配当があります。

ですから、盤面上の全ての0と00を含む38個の数字全部を埋め尽くすようにチップを賭けると必ず当たるのですが、38単位の賭けに対して戻りは、36単位ですから返戻率は次のように計算できます。

$$返戻率=\frac{36}{38}=0.947\cdots=94.7\%$$

公営ギャンブルの75％に比べると圧倒的に良心的ですが、返戻率が100％を超えない限りプレーヤーが不利です。

ルーレットで赤と黒だけに延々と賭けているプレーヤーがいますが、0、00があるのでやはり返戻率は$\frac{36}{38}=94.7\%$であり、試行回数が大きくなるほどじわじわと負けていきます。

ルーレットより、さらに返戻率が高いのがブラックジャックです。ギャンブルの中でブラックジャックが唯一勝てる可能性があるのです。

返戻率の表にある、ベーシックストラテジーについては後ほど説明します。

（例2）　ブラックジャック…筆者一押し！

ルール

ブラックジャックのテーブルに着いて、賭けるチップを所定の位置に置きます。

すると、あなたを含めたプレーヤーに2枚ずつカードが表向きに配られ、ディーラーの前にも1枚は伏せて1枚は表向きに配られます。

ディーラーの表向きのカードをアップカードと言います。

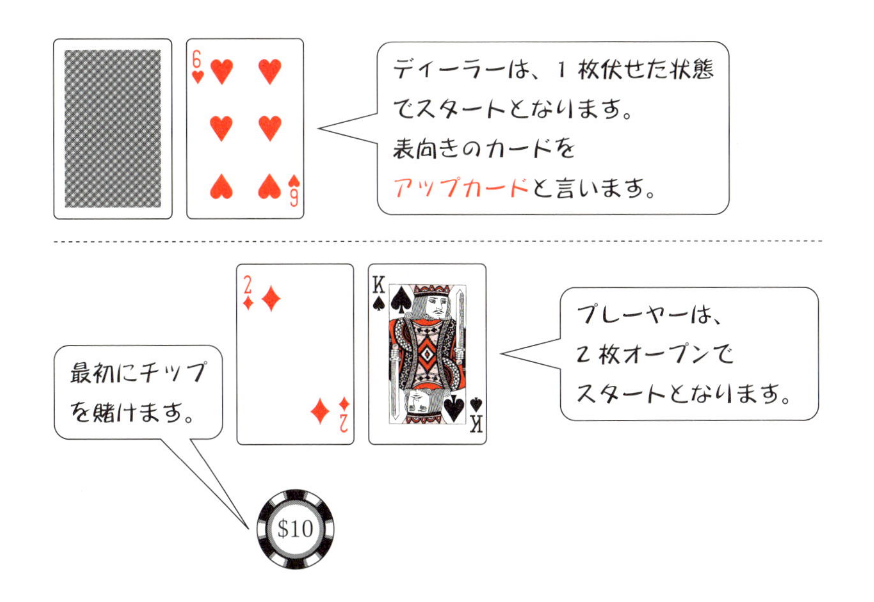

ブラックジャックはプレーヤー（私たち）とディーラー（胴元）の対戦ゲームです。

はじめに10ドルなどのチップをかけた後、図のようにプレーヤーとディーラーに2枚カードが配られます。

ディーラーのカードは1枚伏せた状態で、プレーヤーは2枚とも表向きとなっています。

さて、ブラックジャックとは21という数字を表します。

目的は、カードの合計の数字を21に近づけながらディーラーの数字を上回ることです。21を超えたらバーストで即負けです。

カードの数字の数え方ですが、J、Q、Kの絵札は全て10と数え、A（エース）は1または11と数えます。

前ページの図の場合、プレーヤーは2とKですから現在の合計は、12です。

ディーラーの合計は、1枚伏せているのでわかりませんよね？

手順

皆さんには次の選択肢があります。もう1枚引くか、引かないか。もう1枚引くことを**Hit（ヒット）**、引かないことを**Stay（ステイ）**と言います。

ヒットならば、指でテーブルを2回叩きます。ステイならば手のひらを下にしてテーブル面に平行に左右に振ります。

戦略

どのような戦略を考えますか？一番大切な目的は、**数字を21に近づけるよりも、ディーラーとの勝負に勝つ！**です。

ちなみにディーラーは、手札の合計が17以上になるまで引かなければいけないルールがあります。手札の合計が12の場合、21には程遠い数字に思えてヒットしたくなりませんか？

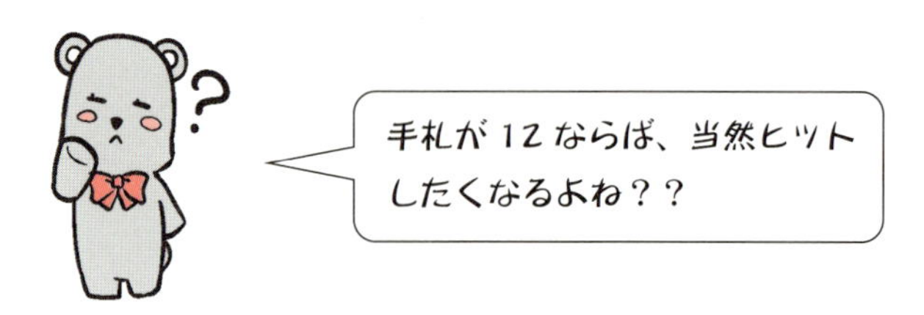

ところが手札が12でヒットした場合、10が来ると12+10=22となって、バーストです。

そもそも、AからKまでの13種類のカードのうち、10、J、Q、Kの4枚は10なので、4/13≒31%の確率でバーストするのです。31%って、なかなか高確率ですよね？

バーストした瞬間、プレーヤーは負けとなり賭け金は没収です。もし後でディーラーがバーストしてもプレーヤーの負けなのです。

つまりブラックジャックはまず、プレーヤーの手札が決まってからディーラーの手札を決めるという後出しじゃんけんのような、不公平な順序があるのです。

ということは、**ディーラーがバーストする確率が高い場合は、プレーヤーは絶対バーストを避ける必要**があります。

ベーシックストラテジー

結論を言うならば、親のアップカードが6の場合、親がバーストする確率が極めて高いので、プレーヤーが12の場合はステイして、ディーラーのバーストを待つのが**最善の戦略**となります。

実は、ディーラーのアップカード（表向きのカード）とプレーヤーの手札によってどのような戦略をとると最善なのかは、確率の計算で解が出ます。

次ページの表を**ベーシックストラテジー**と言います。表の横並びの数字はディーラーのアップカード、縦並びの数字はプレーヤーの合計です。

この表は、読者の皆さんのために筆者がエクセルで手作りしたものです。

カジノにお出かけの際に、ぜひご持参ください！

先ほどの例で、ディーラーのアップカードが6でプレーヤーの手札が12の場合、Sと書かれているのがわかります。

Sはステイですのでもう1枚引いてはいけないのです。

もし、読者の皆さんがブラックジャックを行うのであれば**必ずこのベーシックストラテジーを暗記**して頂きたいのです。

この表を覚えて、表に従ってプレーすると、返戻率は98～99%となります。返戻率に幅があるのは、微妙なルールの違いによります。

日本の公営ギャンブルの75%と比べると圧倒的にプレーヤーに有利であり、勝てる確率が大きいことがわかると思います。

しかしながら、返戻率が100%を超えていない限り試行回数を増やせば増やすほどじわじわと負けるのです。

ですから、このベーシックストラテジーで勝とうと思ったら短期決戦です。**試行回数を少なくして**、ほんの少しでも浮いたら速攻で換金してその場を立ち去るのです。

ベーシックストラテジー（筆者作成）

手札	ディーラーのアップカード									
ハードハンド（A無し）	2	3	4	5	6	7	8	9	10	A
8以下	H	H	H	H	H	H	H	H	H	H
9	H	D	D	D	D	H	H	H	H	H
10	D	D	D	D	D	D	D	D	H	H
11	D	D	D	D	D	D	D	D	D	H
12	H	H	S	S	S	H	H	H	H	H
13から16	S	S	S	S	S	H	H	H	H	H
17以上	S	S	S	S	S	S	S	S	S	S
手札	ディーラーのアップカード									
ソフトハンド（Aあり）	2	3	4	5	6	7	8	9	10	A
A+2、A+3	H	H	H	D	D	H	H	H	H	H
A+4、A+5	H	H	D	D	D	H	H	H	H	H
A+6	H	D	D	D	D	H	H	H	H	H
A+7	S	D	D	D	D	S	S	S	S	S
A+8	S	S	S	S	S	S	S	S	S	S
手札	ディーラーのアップカード									
スプリット（同じ数）	2	3	4	5	6	7	8	9	10	A
2+2、3+3、7+7	P	P	P	P	P	P	H	H	H	H
4+4	H	H	H	P	P	H	H	H	H	H
5+5	D	D	D	D	D	D	D	D	H	H
6+6	P	P	P	P	P	H	H	H	H	H
8+8、A+A	P	P	P	P	P	P	P	P	P	P
9+9	P	P	P	P	P	S	P	P	S	S
10+10	S	S	S	S	S	S	S	S	S	S

Hはヒットつまり、「もう1枚引け」を表します。
Sはステイつまり、「もういらない」を表します。
Dはダブルダウンを表します。ダブルダウンとは賭けたチップと同額をさらに賭ける、つまり倍賭けです。
Pはスプリットで手札8＋8のように同じ数字が現れた場合、2か所に分けてそれぞれのカードで勝負する手法です。

実際にこのベーシックストラテジーに従ってプレーすると、けっこう勝てるなあと実感すると思います。

だけど、ベーシックストラテジーの表を覚えてそれに従ってプレーしても面白くないよねえ…

クマちゃんの言う通りで表を覚えてプレーしても、試験前日の一夜漬けと同様で、ちっとも面白くないしそもそも本書の物理的な思考力が全然生かされていないですよね？

やはり、最後の魔術師ニュートンのような**物理的思考力**を使って勝ちたいと思いませんか？

過去の結果が未来に影響を及ぼすゲーム

第2章で登場した物理的思考（その1）は次の流れです。

① 実験や目の前で起きている現象を観察する
② 状況を変化させたり、違う状況を観察し共通の法則を見出し、必要ならば式で表現
③ 実験が不可能な場合は**思考実験**を行う（**脳内でシミュレーション**）
④ 一般的な法則を示し、再度実験、現象と照らし合わせて合っているかどうかを検証

わかりやすい例として次の図のように、黒い球が5個、赤い球が5個入った袋があるとします。

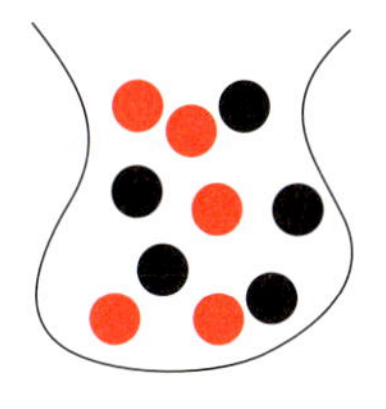

袋の中から球を1個取り出し、色を当てるゲームを考えてください。当たった場合は賭け金の2倍の額がもらえるとします。

もしこのゲームが、次のルールだったらどうしますか？

ルール
(1) 出した球は袋に戻さない
(2) 賭けにはいつでも参加できる

当然最初から賭けには参加しませんよね？なぜなら、スタートは赤と黒が出る確率は同じ $\frac{5}{10}$ だからです。

① 現象を観察する

このゲームはどのような色の球が出てくるかを1つ1つ観察することがとても重要です。観察の結果、連続して赤が4個出たとします。

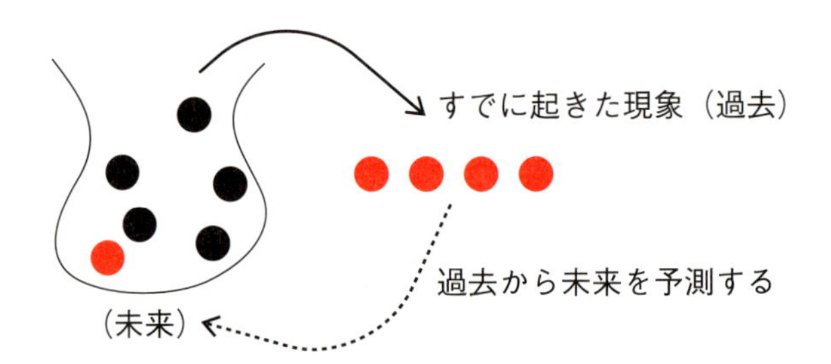

② 観察結果を数値化または定式化する

観察結果を数値化すると袋の中は、黒5、赤1ですから黒が出る確率は $\frac{5}{5+1}$、赤が出る確率は $\frac{1}{5+1}$ ですよね！

③ 思考実験

賭けるならば圧倒的に黒有利だぜ、ウヒヒ勝ちはもらった！

④ 以上を基に検証

黒の出る確率は赤の出る確率の5倍ですから、当然黒で勝負となるわけです。

このゲームは出した球は袋に戻さないというルールなので、過去の結果が未来に影響を与えることがよくわかると思います。

では、ルーレットの場合はどうでしょうか？ルーレットでは、過去の結果が一覧になって表示されます。例えば、赤が連続して4回続いたとしましょう。
この結果から、そろそろ黒が来るんじゃね？って判断するのは間違っていますよね？気持ちはわかりますが…。
そもそも、ルーレット赤と黒の出る確率は常に同じなので過去の結果が未来の結果に全く影響を及ぼさないゲームです。
宝くじも過去の結果が未来に影響を及ぼさないはずですよね？にもかかわらず宝くじ売り場の特定の窓口に並ぶのは、合理的行動と言えるでしょうか？
多くの人が並び、より多くの宝くじが売れてしまったため、特定の売り場の1等の当選本数も多くなるのは当然のことです。
宝くじ1枚1枚の当たる確率は、どの売り場から売られたかによらず同じです。

カードカウンティング

ブラックジャックは、箱のような形をしたシューと呼ばれる入れ物からカードが配られます。
1回ごとのゲームが終わると、配られたカードはシューに戻さずにテーブルのコーナーに積み上げられます。よって、シューのカードの枚数はどんどん減少しますので、先ほどの赤と黒の玉の袋と同様にブラックジャックは過去の結果が未来に影響を及ぼすゲームです。
当然、配られたカードを観測することで、未来を予測できるはずです。

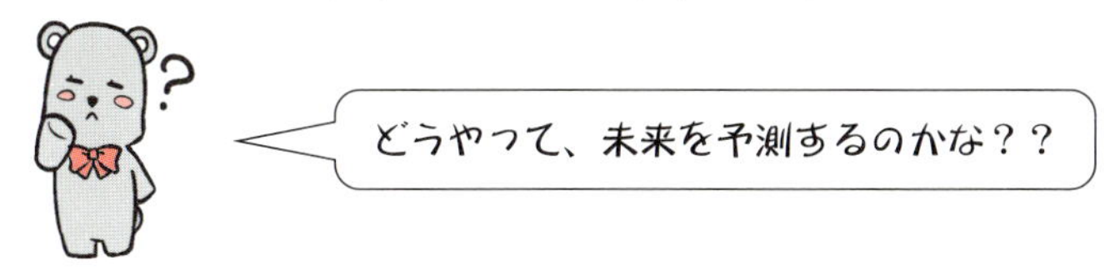

基本的な戦略は次の通りです。
もしシュー内のカードにAや絵札を含めた10が多く残っている場合、プレーヤーが有利となります。
なぜなら、まずプレーヤーに最初に配られる2枚のカードの組み合わせで10＋A＝21（Black Jack ！！）が来る確率が高くなるからです。
もちろんディーラーにもブラックジャックが来るのは同じ確率なのですが、ゲームは**プレーヤー→ディーラーの順**に進められます。
先にプレーヤーが10＋A＝21（Black Jack）が完成した瞬間に賭け金の1.5倍が払い戻されるのです。後で、ディーラーに同じ手が来たとしても結果は一緒です。

また、ディーラーは17までヒットしなければならないので、シュー内のカードに絵札を含めた10が多いと、ディーラーのバーストの確率が高くなります。

逆に2や3などの数字が小さいカードがシューに多く残っている場合は、ディーラーが有利になります。なぜなら、17までヒットしなければならないディーラーにとってはバーストしにくくなるからです。

言いたいことはわかるんだけど…
テーブルに出たカードを全部覚えるのは
大変だよね（涙）。

確かに、出たカードを片っ端から暗記するのはちょっと難しいですよね？

ここで、アメリカの数学者である**エドワード・ソープ**（Edward Oakley Thorp）が編み出した必勝法を簡単にご紹介します。

その必勝法とは、**カードカウンティング**です。この方法を利用すると**返戻率**は100％を超えるのです！

まず、カードに次の点数を付けます。

2、3、4、5、6………	＋1点
A および 10や絵札 …	－1点
7、8、9………………	0点

出たカードに上記の点数を付けて点数の合計を数えます。この「数えること」を**カウンティング**と言います。

ちなみに52枚のカードの1組を1Deckと呼びます。1Deck当たりの数の合計は－20から＋20までの幅がありますが、出たカードをカウントして＋が多くなればなるほどプレーヤーに有利となり、－が多いほどディーラーに有利となります。

カウント値によって賭けるチップを変動させることで、試行回数が多くなればなるほど手持ち資金が増えることになるのです。

実際にエドワード・ソープは、ラスベガスをはじめとするカジノに乗り込み連勝を重ねました。

結局、あまりにも勝ちすぎて彼はカジノに出入り禁止となったのですが、この必勝法とそれまでのカジノとの闘いを解説した『ディーラーをやっつけろ！』（原題“Beat the Dealer”）を1962年に出版しています。

この本がきっかけでカードカウンティングを行うプレーヤーが増えたのです。

極めつけは、MIT（マサチューセッツ工科大学）の大学生のチームがカウンティングを利用して、5年間で稼いだ額が6億円と言われており、この顛末は『ラスベガスをぶっつぶせ！』（原題「21」）という映画にもなっています。

ここまで読むと、読者の皆さんもカジノで勝てるような気持ちになってきたのではないでしょうか？

では、ここでスズキの仮説を立てます。

スズキの仮説

ブラックジャックは、カードカウンティングさえ使いこなせれば勝つことができる

トレードオフ

筆者もラスベガスに通い始めの頃は、**ベーシックストラテジー**だけでまあまあの成果を上げていたのですが、やはり**カウンティング**を利用してカジノを破産させたいと妄想するようになりました。

単なる乗り継ぎの空港であるロサンゼルスからラスベガスの飛行機の中で、カードをめくりながらカウンティングの練習をするようになったのです。

ブラックジャックのテーブルに着いてカウンティングを通じた**現象の観察**は、自分の状況を客観的に判断するという単純作業となります。このため、筆者にとって**ブラックジャックはもはやギャンブルではなくなっていました。**

もちろん、カジノ側もカウンティングに対する対抗策をいくつも打ち出しています。

まず最初に配られるカードがA＋10のブラックジャックの場合、本来賭け金の1.5倍払うはずが、ラスベガスでは1.2倍しか払わないところが増えています。

「**あれ？昨年まで1.5倍だったのにいつから1.2倍になったの？**」

って日本人を代表して（笑）文法無視の英語でディーラーに抗議したのですが、笑ってごまかされました。

この1.2倍はプレーヤーにとって圧倒的に不利です（怒）。

さらに、こちらは出たカードをカウンティングを通じて観測しているのですが、カジノ側は**出たカードとプレーヤーの行動そのものを観測している**ことを思い知らされました。

例えば、こちらが勝ち始めるとすぐにディーラーの交代があり、優秀なディーラーがやって来るのです。

優秀なディーラーは、カードさばきだけではなくて自らカウンティングしながらゲームを進めます。

プレーヤー有利のカウントで、急な賭け金の増額があると背後に立っているディーラーの上司であるピットボスとすぐに打ち合わせがはじまり、シャッフルのタイミングを早めるなどの行動に出ます。

ところが、そんな勝ちにくい状況でも圧勝するプレーヤーを目撃したことがあります。残念ながら筆者ではありません（汗）。

テーブルの外から物珍しそうに見学していた夫婦と子供連れの、いかにも観光中といった風情のファミリーがいました。

突然、テンガロンハットの旦那さんが試しに参加するとか言いながら、ミニマム5＄のテーブルで300＄、500＄と平気で賭け続けチップの山を築いて短時間で圧勝して去っていったのです。

彼らは、見学するふりをしてカウンティングを行い、プレーヤー有利の数字で計算ずくで参加したまさに百戦錬磨のプロでした。

結論

ブラックジャックで勝つためには、カウンティングだけではなくディーラーと背後にいるピットボスまで観測対象を広げる必要がある。場合によっては、演技力が必要。

いかがでしょうか？**カジノで勝つこと、カジノで楽しむことはトレードオフ（二律背反）**の関係であることがわかっていただけると幸いです。

そんなつらい思いをしてまで勝ちたくないなあ…
もっと、**楽に勝つ方法**はないの？

楽しみたいけど負けたくない…

そこで、カジノでつらい思いをせずに楽しみながら、だけどそこそこ勝ちたいという虫が良すぎる方法の**ヒントだけ**をご提案しましょう。

それは、ディーラーの**バースト率**に注目するのです。

スズキの法則

ラスベガスの多くが採用している

6Deck、Dealer must hit soft 17のルールの場合、

ディーラーがバーストする確率は、ほぼ30%

Dealer must hit soft 17は**ディーラーはソフト17の場合は必ずヒットしますというルールです**。ソフト17とは、Aを含んだ場合でしたね。

いかがですか？**ヒントはここまでとします**。ここから先は、読者の皆さんがどのように使うのかは宿題にしたいと思います。

ブラックジャックの必勝法を考えた我が師匠であるエドワード・ソープ先生ですが、カジノに出入り禁止となった後は証券市場に注目し実際に儲けを出すようになりました。

この能力を買われてあるヘッジファンドに雇われて、約20年間で平均利回り15%の驚異的な運用成績を上げたのです。

先生はオプションに注目し、科学的に利益を上げる計算式を作り出しているのですが、この研究に触発されて、1970年、ブラック、ショールズとマートンはブラック・ショールズ公式を求めることに成功しています。

オプションとそれに伴う物理の法則は次章で詳しく説明します。

コラム　物理の問題で俳句！？

毎年出題される物理の入試問題は一通り目を通すのですが、一番印象に残っているのが88年度、弘前大に出題された問題です。ぜひ、皆さんも考えてみてください。

問題

次の句に表されている情景を、物理現象として見るとき、物理的エネルギーの種類とその変化について論述せよ。

「古池や　かわずとびこむ　水の音」

物理の問題で、俳句が登場するとは！解答例を示すと次の通りです。

解答例

蛙の持つ力学的エネルギーが水面との衝突の際に発生する熱エネルギー及び音波のエネルギー（水の音とあるので）に変わる。

しかしこの問題は深く考えはじめるときりがないのです。そもそも蛙はピョンと飛び出す際の運動エネルギーをどうやって得たのでしょうか？

蛙の足の筋肉が収縮することによる弾性エネルギー（位置エネルギーの一種です）が運動エネルギーに変わったことになりますが…。

いや待てよ、筋肉に蓄えられるエネルギー、すなわち生体内のエネルギーはATP（アデノシン3リン酸）がADPに変わる際の化学的エネルギーが原因なのか？？

出題者の意図が知りたいところです。

第6章

物理と金融工学

この章では、まず株式と物理の関係を説明しましょう。株式は株式会社が資金を調達するために発行するものです。

市場（しじょう）に上場する企業であれば、日々売り買いがあり、株価は毎日不規則な動きをするので法則性なんか全然ないように思えますよね。

ところが物理の世界でも、**ブラウン運動**という不規則な動きをする現象があります。

章の前半で、株価とブラウン運動の**アナロジー（類似性）**についてご説明します。

さらに、章の後半に株式の派生商品である**オプション**が登場します。

オプションとは、**将来決まった価格で株や債券等を売り買いができる権利**です。

オプションの価格を決める学問を**金融工学**と言いますが、ここにも物理が関係しています。アメリカのアポロ計画が終了してNASAからあぶれた物理の専門家をはじめとした技術者が、金融業界に大量に流れたことが金融工学の発展に寄与しているのです。

ちなみに、前章で登場したブラックジャックの必勝法を編み出した我が師匠、**エドワード・ソープ**も金融工学に深く関わっています。

章の最後には、株価が上がっても下がっても利益を生む**スズキファンド**の仮説と実験、栄光と挫折（涙）の物語が登場します。

まずはアインシュタインが1905年に発表したブラウン運動から、ご説明します。

アインシュタインの最も目立たない論文=ブラウン運動

1905年、スイスの特許局の役人であった**アインシュタイン**は重要な論文を3つ発表しています。

①光電効果

前章で登場しましたね。光は波の性質があると同時に、粒子の性質を兼ね備えていることがわかり、**量子力学**という新しい物理の幕開けとなりました。

②特殊相対性理論

この論文は、人類の歴史を変える論文といってよいでしょう。光速が観測者の運動によらず同じ値となる、**光速度不変の法則**より導かれた結果が、まさにSF的な世界を生み出します。

例えば、双子の兄弟の兄が宇宙船に乗り光の速度に近づくと、地上に比べて宇宙船内部の時間の進み方が遅くなります。この結果、兄と弟の歳の取り方が変わるので、兄の乗った宇宙船では1年しか経過していないのに、地球上では50年経過し、地上にいた弟はすっかり老け込んだお年寄りになってしまうことが現実に起きうるわけです。

さらに、相対性理論から原子爆弾の土台となる理論である**質量とエネルギーの関係$E=mc^2$**も導いたのですが、これについては第9章で説明します。

③ブラウン運動

①、②の華やかな内容と比べて③ブラウン運動は一般には知られていないでしょう。今回はこの論文が主題です。

1827年、イギリスの植物学者ブラウンは水に浮かんだ花粉などの微粒子が、次の図のようにあちらこちらに不規則に動くことに気が付きました。この不規則な動きをブラウン運動と呼びます。

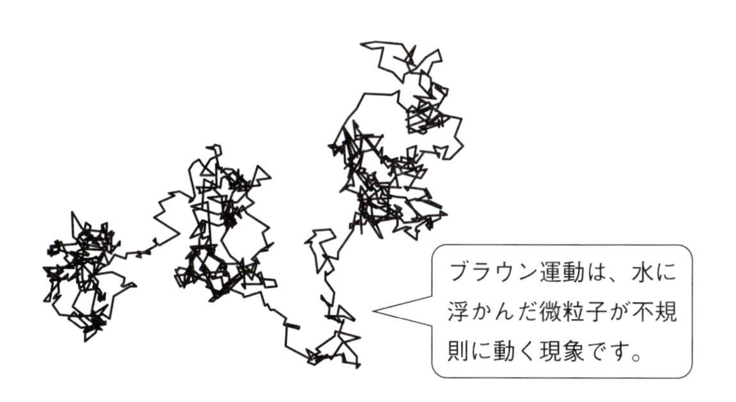

水に浮かぶ物体が巨大であれば、様々な方向から水分子が衝突するので、衝突による力は相殺されて、ほとんど動きません。

ところが花粉のような微粒子の場合、次の図のように分子の衝突のタイミングがまばらなので、あちこち動くことになるわけです。

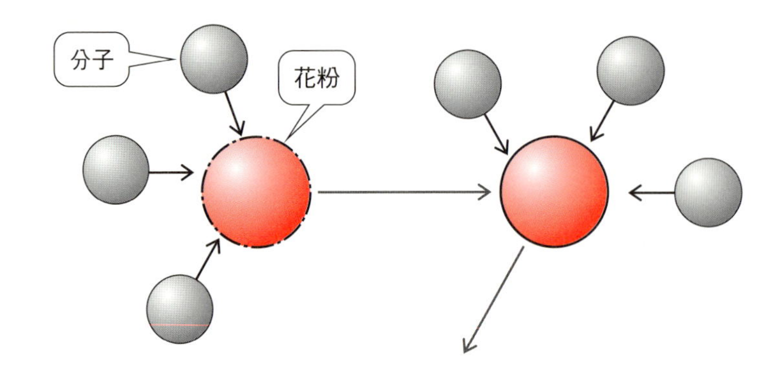

アインシュタインは、このような不規則な運動を数式で表現し、ブラウン運動が分子の衝突によるものであることを証明しました。

これにより、物質の最小単位が原子でありそれらがランダムな方向に飛び回っていることを初めて説明したのです。

と、ここまでは物理の話なのですが、**ブラウン運動の不規則な動きと株価の日々の上げ下げの不規則な動きに共通性があるのでは？**と考えた人たちがいるのです。

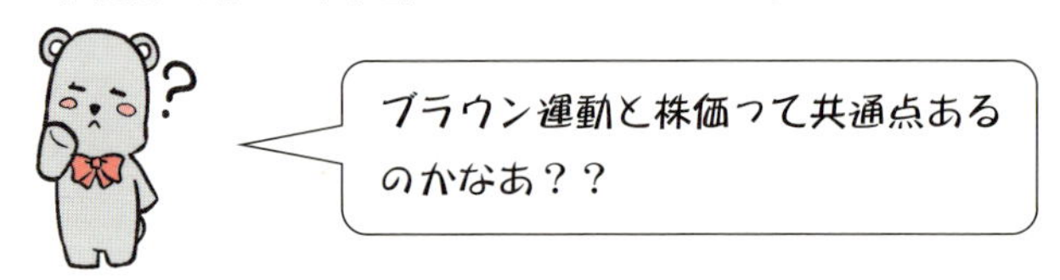

クマちゃんの疑問はもっともです。そこでまず、単純化されたブラウン運動に注目し、株価とのアナロジーを考えます。

酔っぱらいの千鳥足（ランダムウォーク）

水に浮かんだ花粉のブラウン運動は2次元なので複雑ですよね？そこで1次元（直線上）の単純なブラウン運動を考えます。

1次元のブラウン運動は次の図のように、左右に千鳥足で歩く酔っぱらいの動きと同じと考えることができます。この運動をランダムウォークと言います。

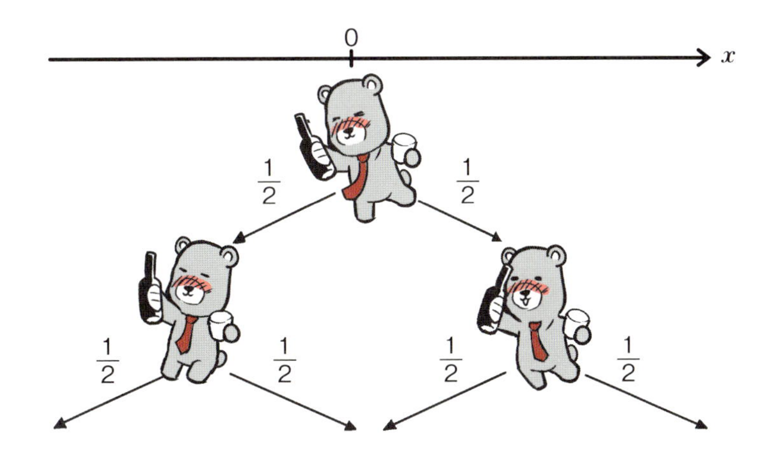

x軸上の酔っぱらいクマ君が、原点（$x=0$）からスタートし、右に移動する確率が$\frac{1}{2}$、左に移動する確率が$\frac{1}{2}$の場合でシミュレーションすると次のようなグラフとなります。

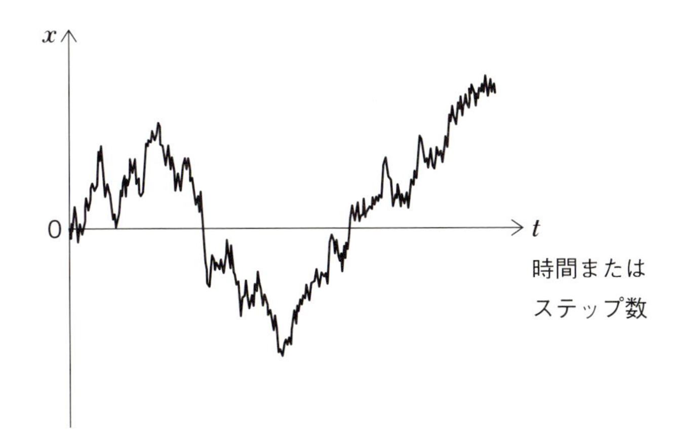

ランダムウォークは一見、規則性がなさそうなのですが、$x=0$からスタートした酔ったクマ君がどこにいるかの**確率分布**は次のような、滑らかなグラフとなります。

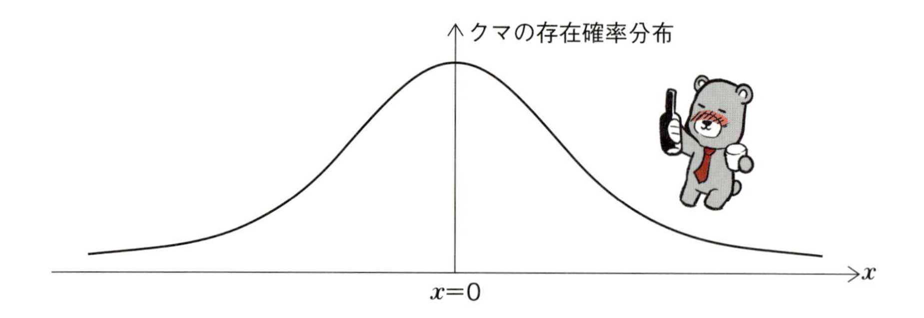

東京にある自宅($x=0$)を出発した酔っぱらいクマ君を探そうと思ったら**自宅付近にいる確率が高く、遠くに行くほど探せる確率が低く**なりますよね。東京から遠く離れた大阪で酔っ払いクマ君を発見する確率は極めて0に近いことが、グラフからも読み取れます。

この分布を**標準正規分布曲線**と呼び、次の式で表すことができます。

$$標準正規分布;y=\frac{1}{\sqrt{2\pi}}e^{-\frac{x^2}{2}}$$

ちょっとややこしい式が出てきましたが、上記の式のπは**円周率**ですよね。

$\pi=3.1415\cdots$です。eは**ネイピア数**と呼ばれる数字で、$e=2.718\cdots$です。

グラフの使い方ですが、ある区間に**クマ君を見つける確率はグラフの面積**で読むことができます。

例えば酔っ払った筆者が自宅(青山)を出て、直線上をフラフラ移動を始めたとします。

直線上にある、渋谷から六本木の区間に筆者を見つける**確率は次の図のように、グラフの面積で読める**のです。

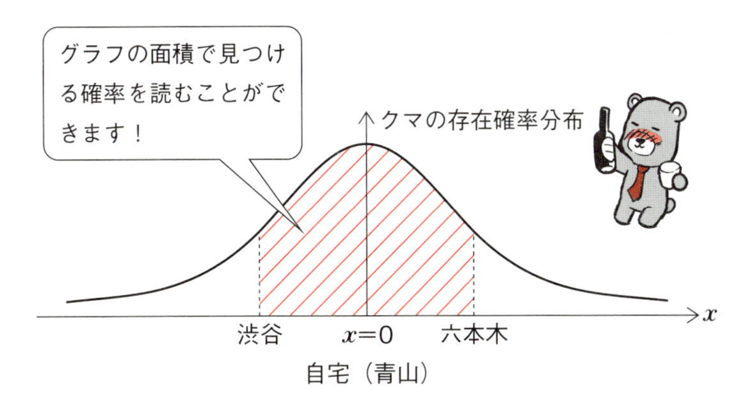

もし、酔っ払っている筆者の捜索範囲を宇宙の端から端まで広げると必ず見つかるので、この場合の確率は1となりますよね。

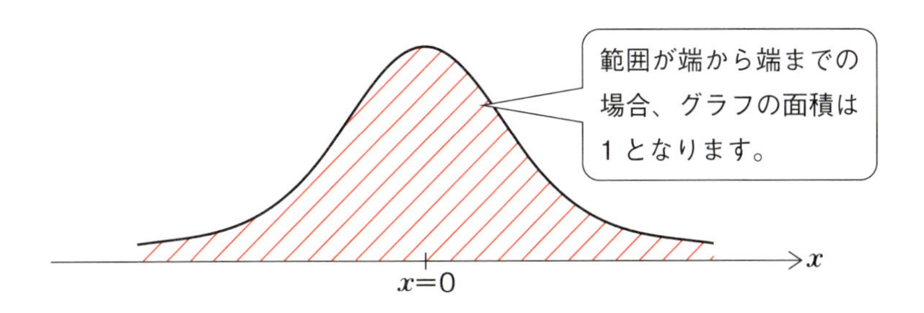

つまり、グラフの面積から酔っ払っているクマ君や筆者を見つける確率が読めるので、範囲が端から端（$-\infty<x<\infty$）のグラフの面積はちょうど1となるのです。

株の買い、空売り

株価の変動

次のグラフは実際の日経平均（日経225）のグラフです。

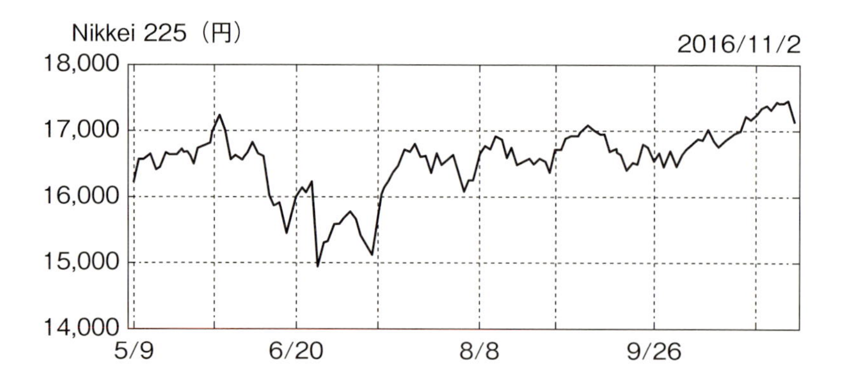

株の時間変化のグラフに規則性はなさそうに見えますが、1次元のランダムウォーク（ブラウン運動）に似ていると思いませんか？

株式の不規則な変動がブラウン運動と同じように、**標準正規分布**に従うことを前提として、物理が専門のフィッシャー・ブラック、マイロン・ショールズは株のオプションの価格を理論的に定式化したのです。

これはブラックショールズの方程式と呼ばれノーベル経済学賞の受賞となるのですが、残念ながらブラック博士は57歳の若さでがんで亡くなっています。

その2年後、1997年にショールズ博士と方程式の数学的証明を行ったロバート・マートン博士がノーベル経済学賞を受賞しています。

では、オプションとはいったい何なのでしょうか？

まず、株式の売買の基本となる現物買い、空売りの違いを説明します。

株式の現物買い

現時点でのA社の1株の株式価格Sが1,000円だったとしましょう。株価Sは、時間tと共に変化するので時間の関数として$S(t)$と表すことができます。将来の株価$S(t)$が予想できれば誰でも億万長者になれますよね。

A社の株式を1株1,000円で株式市場で購入後、1か月後にA社の株価Sが1,200円に上昇したとします。

利益Rは$R=1,200-1,000=+200$円となり、この時点で株式を売却すれば、利益200円となり、めでたしめでたしとなりますね。

ところが、1か月後にA社の株価Sが800円に下がった場合、利益Rは$R=800-1000=-200$円となり、利益がマイナスつまり200円の損失が発生したわけですね。

株価Sと利益Rの関係をグラフにすると次のように表すことができます。

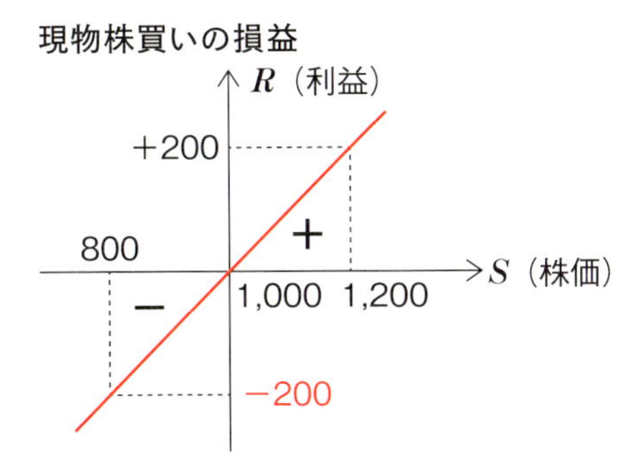

筆者も複数の証券口座を開設し、物理的思考は全くなしに株の売り買いを行ったことがありますが、これは自分との戦いのようなものです。株価が上がっている時は、俺って天才じゃないか？とへらへらしながら慢心に浸るのです。

しかしながら株価が下落した時は、損切の決断が先延ばしになり、いつか上がるだろうという、甘い期待感と共にどんどん傷口が広がったのを覚えています。

株式の売り（空売り）

先ほどと同様、現時点でのA社の株価Sが1,000円だったとしましょう。実はまだ持っていないはずの株式を株式市場で売ることが可能なのです。この取引を空売りと言います。

空売りは、**カラウリ**と読みます。ソラウリではありません（汗）。

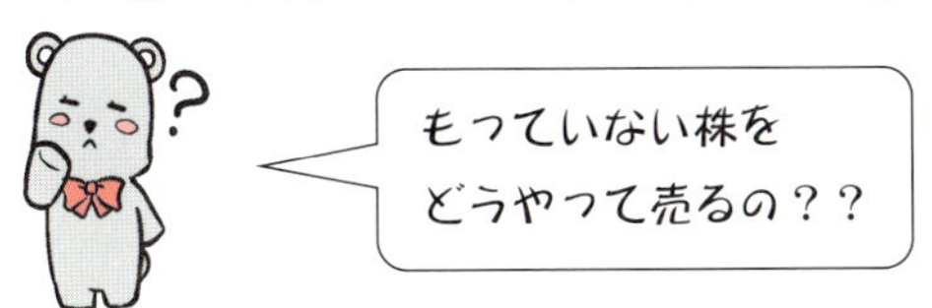

A社の株式を所有する第三者から、株を借りるのです。もちろん、後で返すことが前提です。

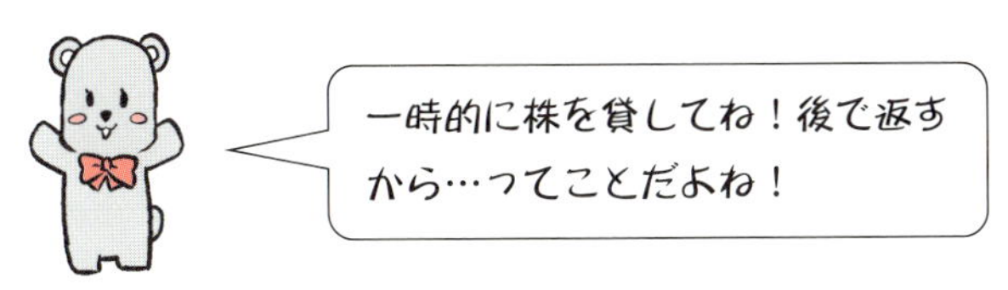

A社の株式を借りてすぐに株式市場で売却すると、1,000円の現金が手に入りますよね。

1か月後にA社の株価Sが800円に下がった場合、大喜びです！なぜなら、手元にある1,000円のうち800円で株を買い戻し、株の貸主に返却します。すると、手元に残った200円が利益となるわけです。

ところが1か月後にA社の株価が1,200円に上昇した場合、地獄です。なぜなら手元にある1,000円に自ら200円を追加して1,200円で株を買い戻し返済。追加した200円が損失となっています。

空売りの損益は次のような、株式購入と真逆の動きをします。

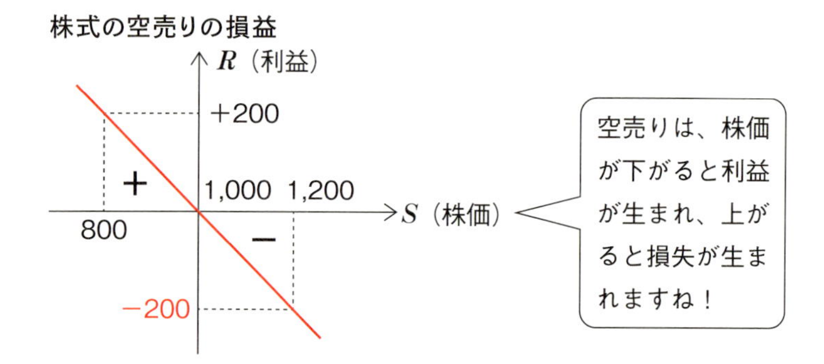

空売りをするためには、証券口座で**信用取引の口座**を開設する必要があります。信用口座には証拠金を預け入れしてから取引が始まります。信用取引の恐ろしいところは証拠金の約3倍の売買ができることです。

筆者も一時期は3,000万円以上を証拠金として預けていたので、それの3倍といえば約1億円の売買が可能となったのです。全く恐ろしいことです。

狙いを定めた株が下落すると読んで、空売りをかけた次の日から連日ストップ高を更新した時は、肉体から魂がはみ出ていくような喪失感に襲われたことを覚えています。思い出したくもない経験です（涙）。

筆者はこの苦い経験から、**物理的思考法に基づいた投資法**がないかと考えるようになりました。

ところで**損失は限定で、株と同様に利益を得る方法**があるのをご存知でしょうか？

これこそが**オプション**なのです！いよいよオプションを説明します。

オプションとは何か？

以前ファミレスの会計の際、定価200円のフライドポテトが50円で購入できるクーポン券を渡されたことがあります。

このポテトクーポン、1か月後に使えるとしますよね？1か月後に店を訪れた際、ポテトの値段が200円ならば、手元にあるクーポンを使って50円でポテトを手に入れると、150円のお得（利益）を得るわけです。

ところが、1か月後にポテトの値段が、10円に下落したとしましょう。この場合、クーポンを使って50円で購入するのは損ですよね？つまり、クーポンは10円のポテトの前では、価値を失い紙屑となったわけです。

株式の世界にも、ポテトクーポンと似たような商品があります。それが**オプション**です。

現時点から1か月後にA社の株を1,000円で買う権利が**コールオプション**と言います。また、1か月後に買うことのできる価格1,000円を**権利行使価格**と言います。

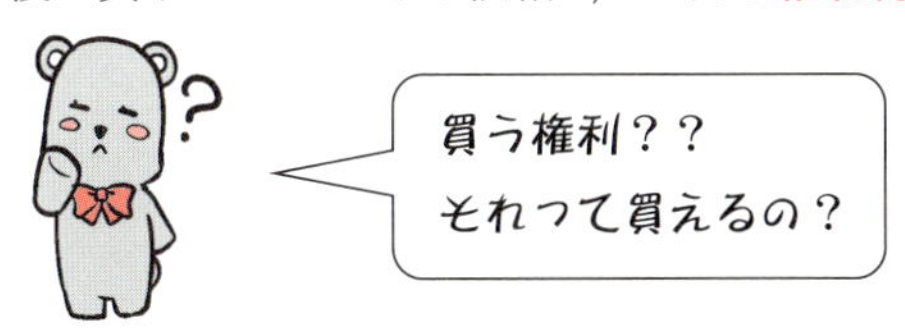

コールオプションは、基本的に証券会社を通じて購入することができます。1か月後の権利行使価格1,000円のA社のコールオプションを購入した場合を考えます。

現時点でのA社の株価が1,000円だったのが、1か月後に1,200円に上昇したとしますよね？

権利行使価格は1,000円なので、権利を行使すると**1,200円の株を1,000円で購入**できます。つまり、1,200－1,000＝200円の利益を手に入れることができます。

ところがもし、1か月後に株価が800円に下落した場合、1,000円で購入する権利が意味をなさなくなるので権利は放棄しますよね！

オプションの価格を無視した場合の株価と利益の関係は、次のグラフで表すことができます。

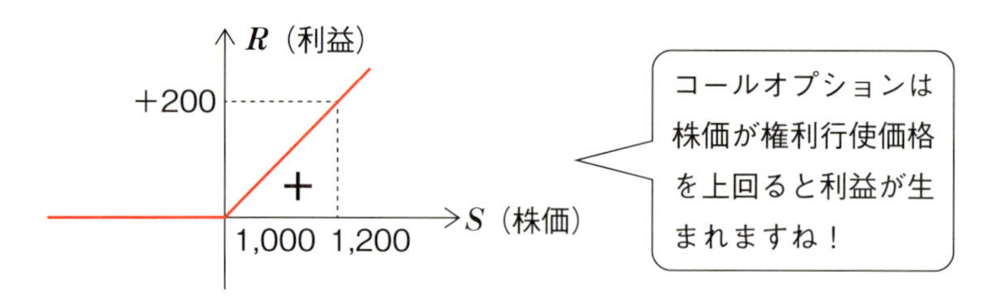

損なし、利益オンリー！こんなうまい話があるのかって思いますよねえ…。

実際のオプションには普通の商品と同じように、価格があります。仮にA社の株を1か月後に1,000円で購入するコールオプションの価格が50円ならば、利益は、上記のグラフから50円を引いた次のような形となります。

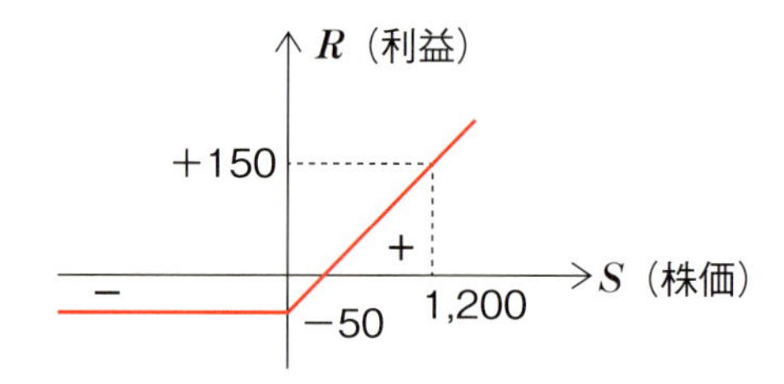

コールオプションと株の売買の違いはもちろん、値動きにあるのですが一番大切なのは、レバレッジ効果です。てこの働きを英語でleverage（レバレッジ）と言います。

ここで、株とオプションの世界から離れて、**テコの原理**を確認したいと思います。

レバレッジ（テコ）効果

次の図のように、クマちゃんがテコに**直角**に力Fを加えて石を持ち上げようとしています。

このとき、回転軸O（＝支点）からの**距離（うでの長さ）**R**が大きいほど**、なおかつ加える力F**が大きいほど**石を持ち上げる効果（＝回転させる能力）が大きいですよね？

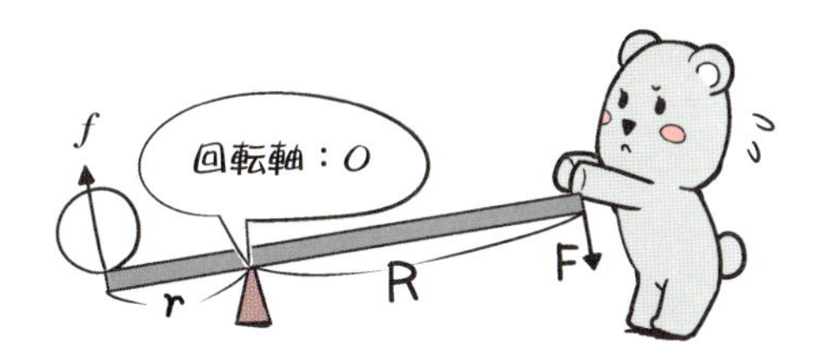

物体を回転させる能力を**力のモーメント**と呼び、**腕の長さ×力**で表すことができます。

回転軸：Oのまわりの力のモーメント＝RF（腕の長さ×力）

回転軸Oから石までの距離をr、石に働く力をfとすると左右のモーメントは同じとなるので、次の関係が成り立ちます。

$rf=RF$（左右のモーメントは同じ）

仮に、Rがrの5倍ならば、石に働く力fはクマちゃんの力Fの5倍となりますね！

つまり、**テコという仕組みを利用すると、力の大きさはいくらでも増やすことが可能**であることがわかります。

コールオプションは**レバレッジ効果（テコの作用）**を持っています。なぜならコールオプションの価格50円を払うだけで、50円の20倍である現物買いの1,000円と同じ利益を得ることができるポジションを持つことができたのですから。

「私に十分な長さのテコと支点を与えてくれたら、地球を動かして見せよう」

これは、浮力の原理を発見したアルキメデスのセリフです。

オプションをはじめとする、デリバティブのテコの原理で本当に世界が大きく動くことを知ったならばアルキメデスも驚くでしょう。

プットオプション

コールオプションは、将来に決められた価格（権利行使価格）で株式を買う権利でしたが、**プットオプション**はコールとは逆に**決められた価格で売る権利**です。**株式を売る権利を買うことができる**のです！

現時点から1か月後にA社の株を権利行使価格1,000円で「売る」権利のプットオプションを購入したとします。

1か月後に、株価が800円に下落するとうれしいですよね？ 800円で現物株式を購入して権利行使価格1,000円で市場で売却すると、200円の儲けとなります。

ところが、1,200円に値上がりすると権利は放棄ですよね？わざわざ1,200円で株式を購入し、権利行使価格1,000円で売ると200円の損となりますので。

オプションの価格を無視した場合の株価とプットオプションの利益の関係は、次のグラフで表すことができます。

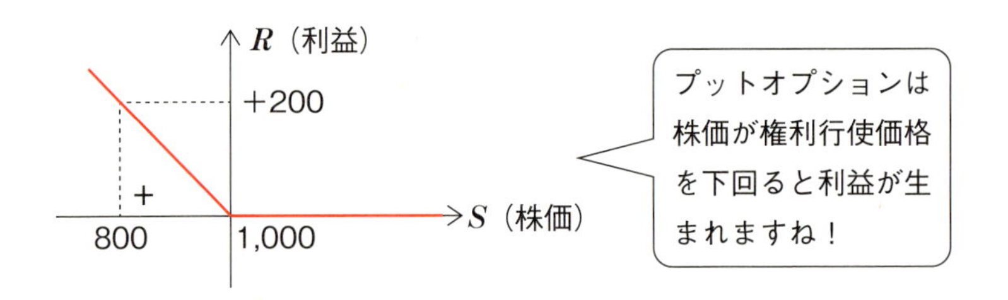

もし、プットオプションの価格が50円ならば株価とプットオプションの利益の関係は次のグラフで表すことができます。

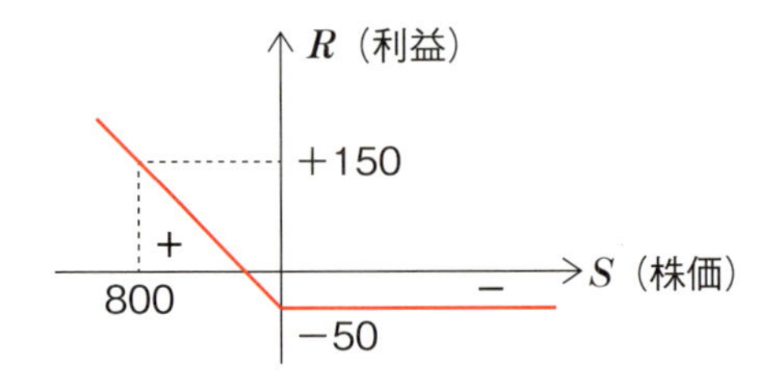

コールオプションとプットオプションの損益をまとめると次のようになります。

①コールオプション

株価＞権利行使価格…利益＝株価－権利行使価格

株価＜権利行使価格…利益＝0

②プットオプション

株価＞権利行使価格…利益＝0

株価＜権利行使価格…利益＝権利行使価格－株価

では、もしコールオプションとプットオプションの**両方を購入**するとどうなりますか？ここで再び物理の世界に戻ります。

波の分野で複数の波が出会った時の原理として、重ね合わせの原理があります。これを次に説明します。

重ね合わせの原理

次の図のように、逆向きに進む高さ2mと1mの箱型（？）の波形が出会うとどうなりますか？

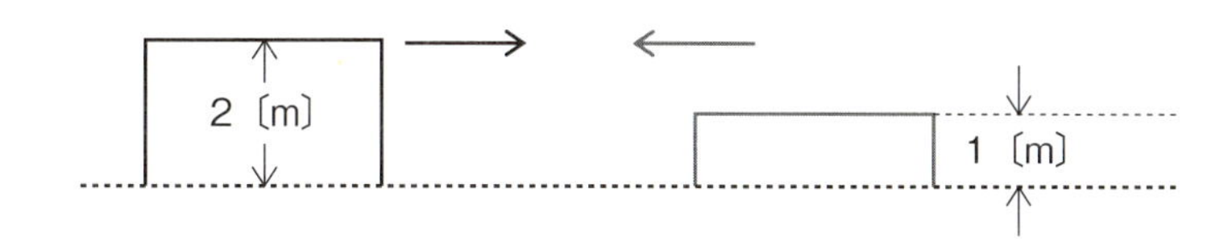

2つの波形が重なると、それぞれの波の高さの和が新しい波（合成波）となるのです。この原理を重ね合わせの原理と言います。

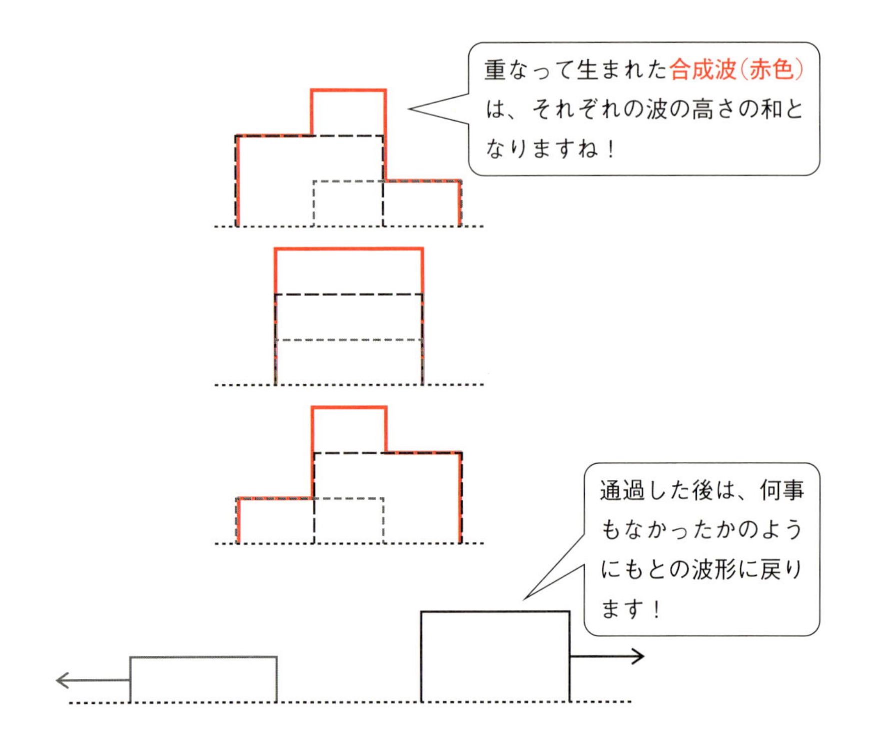

2つの波が通りすぎると、上図のように何事もなかったかのようにもとの波形に戻ります。このことを**波の独立性**と呼びます。

この重ね合わせの原理と波の独立性は、**複数の金融商品を購入した場合**も成り立つはずです！

金融商品の重ね合わせ

コールオプション、プットオプションを同時に購入すると、次のようにグラフの重ね合わせを考えるだけです。波の重ね合わせの原理と同様です！

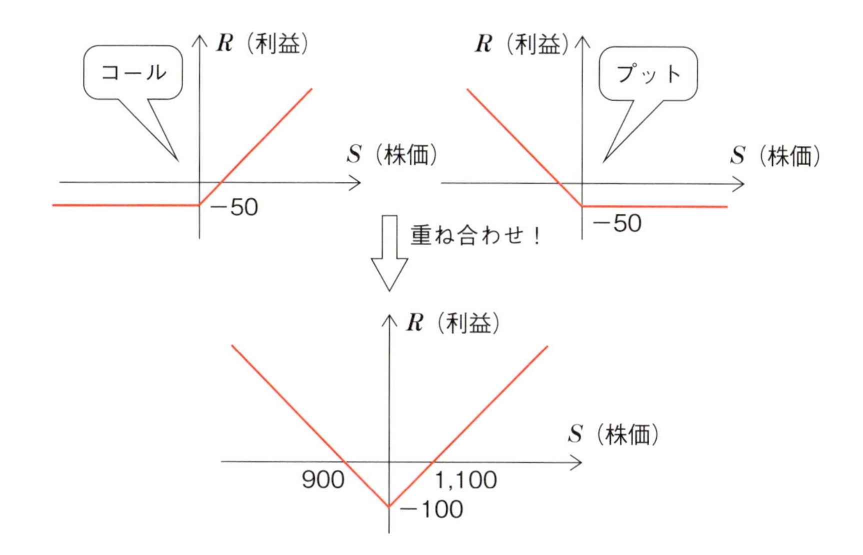

株価が1,100円以上に値上がるか、900円以下に下落すると利益が生まれるポジションを作ることができましたね。

相場が激しく上下に変動すると予想できる場合は、コールオプション、プットオプションの同時購入が有効であることがわかりますね。

銀行や証券会社は投資信託をはじめとする金融商品を販売していますが、それらの大部分は株と債券とオプションの重ね合わせによって作られているのです。

金融商品を買うなら、どのような重ね合わせになっているかを確認するべきですし、毎年一定の信託手数料を払うぐらいなら、ベースとなる株やオプションを自ら購入して重ね合わせてみたほうが楽しいと筆者は思います。

本章の最後で筆者が行った重ね合わせをお見せします。

オプション価格はどのように決まるのか？

コールオプションは将来決まった価格で株を買う権利、プットオプションは売る権利ということはおわかりいただけたと思います。

では、オプションの価格がどのように決まるのかを次に考えます。オプションは、株の買いと、他からの借り入れ金の合成で作ることができます。

話を簡単にするために借り入れ金の金利は0%とします。もちろん、返すのが前提ですよ（汗）。

コラム　リーマンショック

リーマンショックはサブプライムローンの焦げ付きをきっかけに起きたのですが、これも**オプション**が深く関わっています。

サブプライムローンは、返済能力の低い低所得者層や信用の低い個人に対する住宅ローンです。貸し手である銀行や住宅金融会社が住宅ローンをまとめて投資銀行、証券会社に売却しました。

買い取った住宅ローンを証券化した住宅ローン担保証券（RMBS）を作ります。さらにRMBSにレバレッジをかけて**利回りの高いオプション**を作り、ほかの商品との重ね合わせで商品化したものを世界中に売却したのです。

その後、住宅バブルの崩壊を発端としたサブプライムローンの焦げ付きで合成された商品も一気に下落し、2008年リーマン・ブラザーズの破綻を引き金に世界的金融危機が起こったのです。

リーマンショックは、オプションが関わっていたんだね！

2008年のことは昨日のことのようによく覚えています。**筆者が銀座で飲み屋を始めた時期と重なります。**

当時、六本木ヒルズのレジデンス棟に住んでいた金融関係者が蜘蛛の子を散らしたようにいなくなり、空き部屋が急増したとの情報が入りました。

銀座の店も、第9章で登場する不動産の家賃収入もそこそこ利益を生んでいたので、ちょうど良い機会と思い、六本木ヒルズレジデンスのワンルームを格安で賃貸することになったのです。

オプションを理解するために、次の問題を考えます。

問題

現在の株価が1株1,000円の株があったとします。1ヶ月後の株価が1,200円か800円の2通りだったとします。

1ヶ月後に株価が1,200円となった場合、200円の利益を手に入れて、逆に株価が800円となったら利益0のポジションを作りたいと思います。

とても親切な友人がいて、おカネは無利子で貸すけど1ヶ月後に返してねって言っているのです。

では、あなたは最低どれだけの自己資金を用意すれば良いでしょうか？ **用意しなければならない自己資金がコールオプションの価格と考えることができます。**

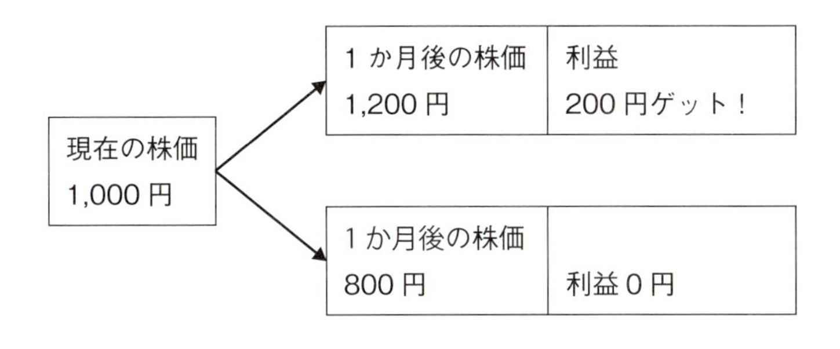

物理的思考力0のあり得ない答え

自己資金0で、友達から1,000円借りて、1株購入。1,200円に上がったら200円ゲットして1,000円返す。800円に下がったら、友人に頭を下げて、800円だけ返してバックレる（笑）。

では、これから正解をご説明します。物理的思考法というよりも中学校の数学で登場する連立方程式で、**用意しなければならない自己資金＝コールオプションの価格**を決めることができます。

ここからちょっとばかり数式が続くので、つらいなと思ったら↑↑↑↑ワープゾーンここまで↑↑↑↑へ飛んでください。

コールオプションの価格（自己資金）をCとします。株価をS、購入する株の枚数をx、無利子の借入金をyとします。

株の枚数は、1、2、…のような整数だけでなく、0.3枚などの端数もありとします。コールオプションの価格Cは次のように表すことができます。

$$\text{コールオプションの価格}=\text{株価}\times\text{購入枚数}-\text{借入金}$$

$$C=Sx-y$$

1か月後の株価が1,200円か800円のいずれか2通りの株価でしたよね？

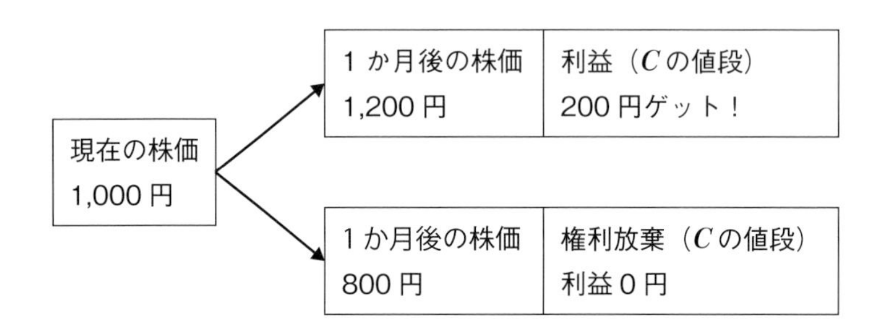

1か月後の株価が1,200円の場合、コールオプションの価格Cは200円、株価が800円の場合は$C=0$円となるように、購入株の枚数xと、借入金yの連立方程式を立てます。

1か月後の株価が1,200円の場合；$C=1200x-y=200$…①

1か月後の株価が800円の場合；　$C=800x-y=0$…②

①、②はxとyの連立方程式となっています。

中学校で習った連立方程式がやっと役に立つ瞬間が訪れましたね！

①−②より、$400x=200$、よって$x=\frac{1}{2}$

②より$800\times\frac{1}{2}-y=0$、よって$y=400$

つまり、400円借りて、株式を$\frac{1}{2}$株購入する。コールオプションの現在価格Cは、次のように計算できます。

$$\text{コールオプションの価格；}C=1,000\times\frac{1}{2}-400=100\text{円}$$

おわかりでしょうか？人の良い友人から400円を借り入れて、自己資金100円を合わせた500円でA社の1株1,000円の株式を$\frac{1}{2}$株だけ購入します。

1か月後、株式が1,200円に上昇した場合、$\frac{1}{2}$株を売却し600円の現金が手に入り、借りていた400円を返済すると、600－400＝200円が利益となりますね。

残念ながら1か月後、株式が800円に下落した場合、$\frac{1}{2}$株を売却すると400円の現金が手に入りますね。借りていた400円を返済すると、利益は0となります。

では、もし相場が荒れて、1か月後の株が1,400円か600円に変動するとコールオプション価格Cはいくらになるでしょう？

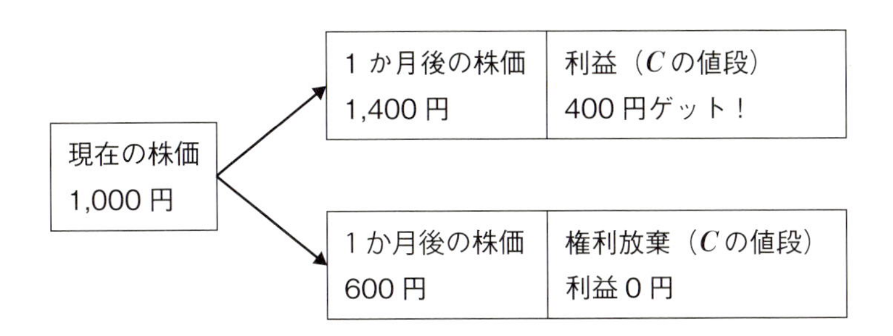

1か月後の株価が1,400円の場合；$C=1400x-y=400$…①
1か月後の株価が600円の場合；　$C=600x-y=0$…②

①－②より $800x=400$、よって$x=\frac{1}{2}$

②より $600\times\frac{1}{2}-y=0$、よって$y=300$

コールオプションの現在価格Cは、次のように計算できます。

$$C=\frac{1}{2}\times1,000-300=200\text{円}$$

先ほどのオプション価格100円に比べて、**荒れ相場になるとオプション価格は高くなる**のがわかりますよね？

↑↑↑↑ワープゾーンここまで↑↑↑↑

株の値動きの激しさを表す指標にボラティリティ（volatility）があります。ボラティリティはギリシャ文字でσ（シグマ）と表すのですが、統計学の**標準偏差＝ばらつきの度合い**と同じです。

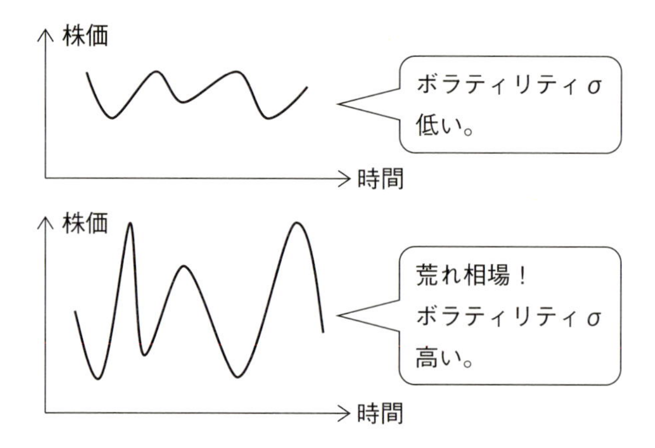

ボラティリティσが大きいほど、オプションの値段が高くなることを頭の片隅においてください。

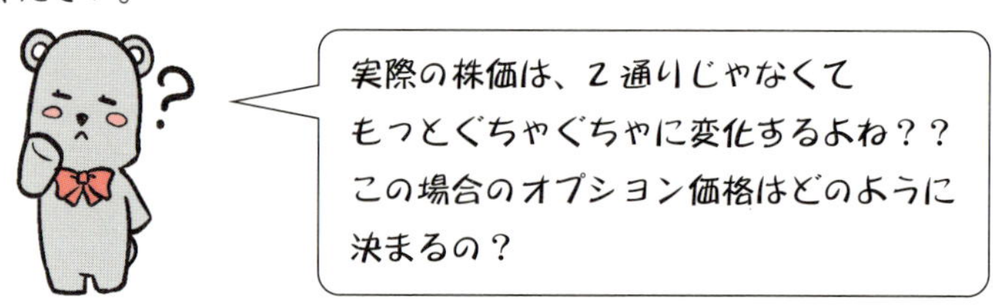

ブラックショールズの方程式

オプション価格の一般的な式は、ノーベル経済学賞の受賞となったブラックショールズの方程式で表すことができます。ちなみにこの理論は、京都大学教授の**伊藤清博士**が考えた**伊藤の定理**が土台となっています。

伊藤の定理からブラックショールズの方程式を導くために、物理学で登場する**熱伝導方程式**の解法が必要なのです。

フライパンをガスコンロにかけたときに、取っ手がだんだん熱くなりますが、この熱の伝わり方を解くのが**熱伝導方程式**です。

ここでは、結果だけをお見せします。

ここからまたまた数式が続くので、つらいなと思ったら↑↑↑↑ワープゾーンここまで↑↑↑↑へ飛んでください。

コールオプションの価格C、現在の株価S、権利行使価格K
決済までの期間t、ボラティリティσ、借り入れ金利r

コールオプションの価格；$C=SN(d_1)-e^{-rt}KN(d_2)$

$$d_1=\frac{\ln\left(\frac{S}{K}\right)+\left(r+\frac{1}{2}\sigma^2\right)t}{\sigma\sqrt{t}}、d_2=d_1-\sigma\sqrt{t}$$

うーん…
さっぱりわからないです（涙）

確かに難しそうな式なのですが、1か月後株価が2通りの場合のコールオプションの価格$C=Sx-y$と形がほとんど同じですよね？

株価2通りモデル；$C=Sx-y$

ブラックショールズ；$C=SN(d_1)-e^{-rt}KN(d_2)$

株価Sの次に出てきた$N(d_1)$は累積密度関数です。正規分布でd_1以下となる確率なのですが、ランダムウォークのグラフの面積となります。

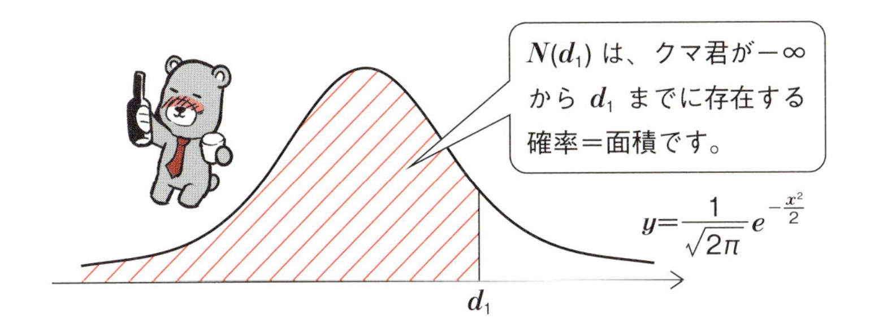

またe^{-rt}ですが、eは標準分布で登場したネイピア数$e=2.718\cdots$ですね。金利がrの場合、借りたお金に金利分を上乗せするという意味です。

さらに$d_1=\dfrac{\ln\left(\dfrac{S}{K}\right)+\left(r+\dfrac{1}{2}\sigma^2\right)t}{\sigma\sqrt{t}}$の式に現れたlnは、底が$e$である常用対数log（ログ）です。

log（ログ）は次の第7章で詳しくご説明します。

話を簡単にするために、現在株価$S=$行使価格K、金利$r=0$とすると、$\ln(S/K)=0$なのでd_1、d_2は次のように計算できます。

$$d_1=\frac{0+\dfrac{1}{2}\sigma^2 t}{\sigma\sqrt{t}}=\frac{1}{2}\sigma\sqrt{t}$$

$$d_2=d_1-\sigma\sqrt{t}=\frac{1}{2}\sigma\sqrt{t}-\sigma\sqrt{t}=-\frac{1}{2}\sigma\sqrt{t}$$

上記のd_1、d_2、$r=0$、$K=S$をブラックショールズの方程式に代入します。

$$\text{コールオプションの価格 } C=SN(d_1)-SN(d_2)$$
$$=S\left\{N\left(\frac{1}{2}\sigma\sqrt{t}\right)-N\left(-\frac{1}{2}\sigma\sqrt{t}\right)\right\}$$

さらに期限tが短い場合、近似的に次のように計算できます。

$$\textbf{コールオプションの簡易式；} C\fallingdotseq S\times\frac{1}{\sqrt{2\pi}}\sigma\sqrt{t}$$

ずいぶん単純な式になりましたね！

つまり、ボラティリティσが大きいほど、オプション価格は大きくなります。これは、株価2通りで考えた結果と一致するのがわかりますよね？

また期限までの時間tが小さくなるほど、つまり未来に向かうほどオプション価格は0に近づくのがわかります。

以上をまとめると次の通りです。

オプションの価格C ｛ **ボラティリティσが大きいと増大する** / **期限までの時間tが小さくなると0に近づく** ｝

↑↑↑↑ワープゾーンここまで↑↑↑↑

次の図は、株価に対するコールオプションの価格を表すグラフです。赤のグラフが、決済日（$t=0$）における価格を表します。これに対し決済日までの時間tの価格は、$t=0$のグラフから乖離（かいり）していますね。この乖離部分が$\sqrt{t}$に相当する部分で、この部分を**時間的価値**と呼びます。

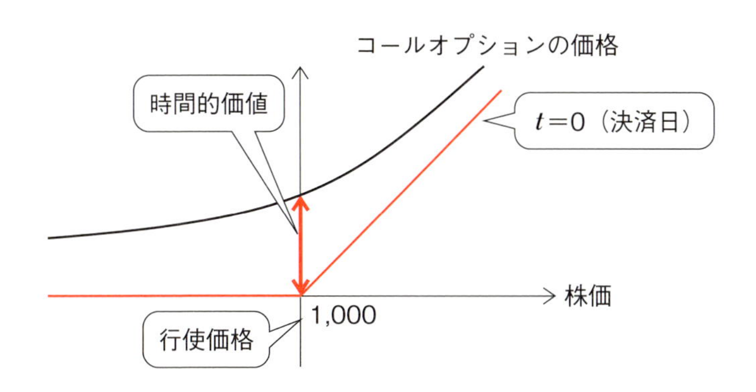

ノーベル賞受賞その後…

1997年にショールズ博士と数学的証明を行ったロバート・マートン博士がブラックショールズの方程式によってノーベル経済学賞を受賞しています。ところが、翌年…。

1994年、ショールズとマートンの2人が経営陣に名を連ねたヘッジファンドのロングターム・キャピタル・マネジメント（LTCM）を設立し金融工学を駆使して資金の運用を開始。年の平均利回りが40%を超える資産運用を行っていたのですが、ノーベル賞受賞の翌年1998年にアジアの通貨危機とロシアの財政危機が発端となってLTCMは破たんしています。

2008年にもショールズ自らファンドを立ち上げましたが、1年間に38%の損失を出し2度目の破たんを経験しています。実にボラティリティσの激しい人生ですねえ…。

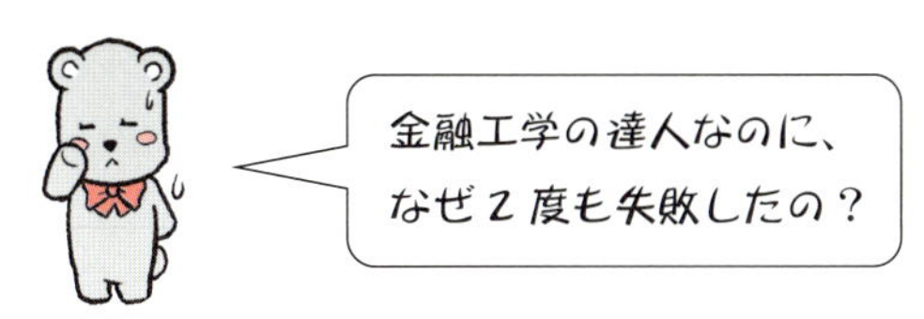

破たんの理由は、株価の変動がブラウン運動に見られる正規分布に従っているという前提に問題があったということでしょう。

実際の株価の変動は、突発的な変動があります。たとえて言うならば、酔っぱらいのランダムウォークで左右に1歩ずつ進んでいたものが突如10歩動いちゃうと、正規分布の前提が否定されますよね？

理論は万能ではないという事実を、ノーベル賞受賞者自ら証明したのです。

筆者の場合（スズキファンド）

さて、ここからが**本題**です。長々と数学の話に付き合って頂き本当にありがとうございます。

株の現物の売買、信用取引で痛手を負った筆者は物理的思考法を駆使して儲けることができるのかを考えるようになりました。

これは、自ら実験台となって物理的思考法の正しさを追求するしかありません。たとえ、LTCMのように破たんしたとしても。

まず、大手証券会社の窓口で、個別銘柄のオプション取引を行いたいと伝えたのです。受付の男性社員は、ちょっと怪訝そうな表情をしながら、こう言ったのです。

「オプションに詳しい担当を、ただいま呼びますので少々お待ちください」

ほどなくして、若い優秀そうな社員がオプションについて丁寧に説明してくれました。

現在、日本では日経225とトピックスのオプションしか扱っておらず、残念ながら個別銘柄のオプションはないと。

そっかー…個人的には個別銘柄のオプションが取引したかったのです。

落胆していたところに、転換社債（現在は新株予約権付社債）なるものを発見しました。

転換社債には、転換価格と利回りと満期が表示されています。

例えば、A社の転換社債の利回りが1.0%、転換価格が1,000円、満期が1年後だったとしましょう。

社債（国債と同様、法人の借金です）を転換価格で株式に転換できるのです。

A社の株価が800円の場合、転換価格1,000円で購入するのは200円の損となるので、社債のまま保有しますよね？ところが株価が1,200円になると、転換価格1,000円で株式に転換すると200円の儲けとなるわけです。これって、社債とコールオプションの重ね合わせですよね？

転換社債＝社債＋コールオプション

この転換社債を利用して、物理的思考法で儲ける方法を考えました。改めて**物理的思考法（その1）思考実験**を確認します。

物理的思考（その1）思考実験

① 実験や目の前で起きている現象を観察する
② 状況を変化させたり、違う状況を観察し**共通の法則**を見出し、必要ならば式で表現する
③ 実験が不可能な場合は思考実験を行う（脳内でシミュレーション）
④ 再度実験、現象と照らし合わせて合っているかどうかを検証する

①現象の観察

次のグラフは、ある私鉄の転換社債の変化を筆者自ら記録し、エクセルでグラフ化したものです。横軸は（株価/転換価格）×100、縦軸は転換社債の価格です。

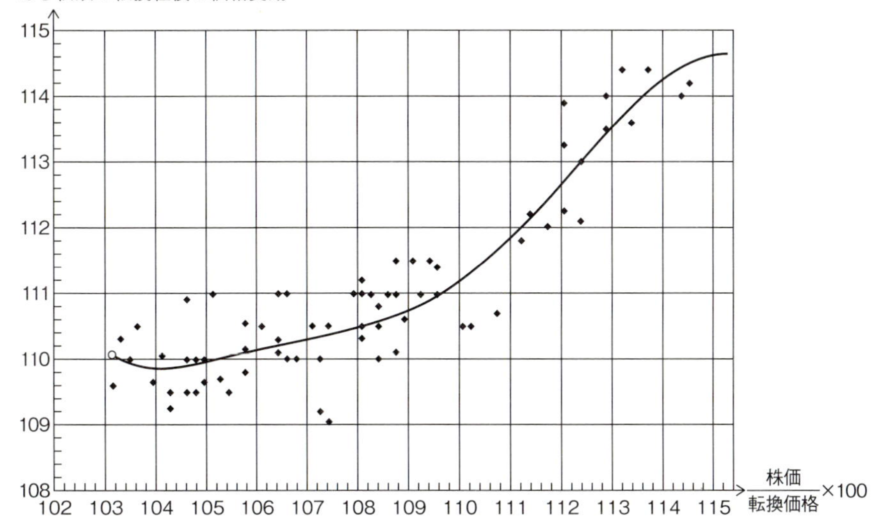

②共通の法則を見出す

このグラフを見てわかるように、下図のコールオプションの価格とほぼ同じ動きをすることがわかりますよね。

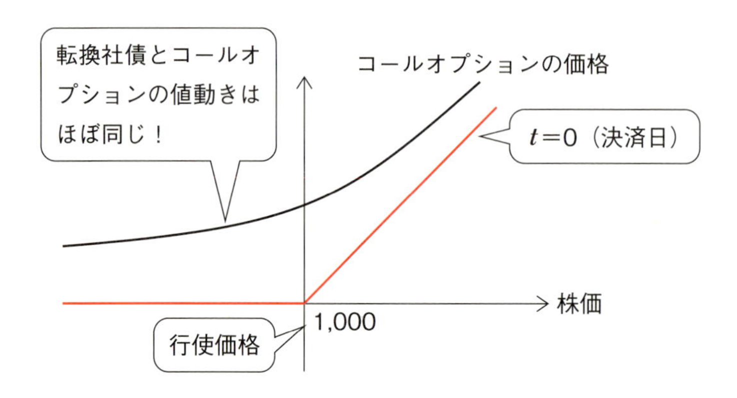

世の中に様々な投資信託がありますが、筆者は転換社債と株の空売りを重ね合わせた新しい商品（？）を生み出しました。名付けて**スズキファンド！**です。

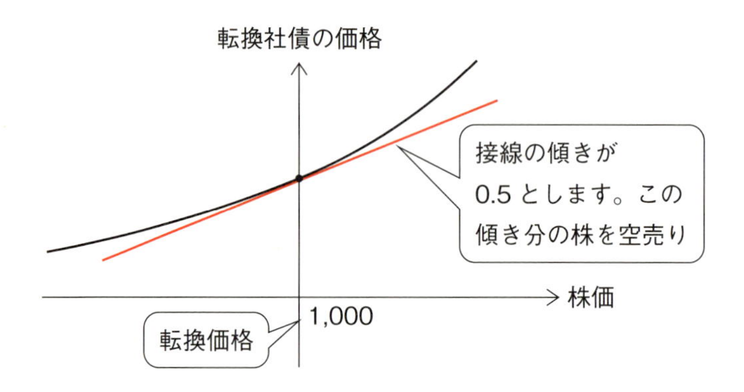

仮に、転換価格付近で転換社債を購入と同時に、傾き分だけ株を空売りしたとしましょう。空売りは、株価が下落すると利益を生み、株価が上がると損失を出す取引でしたよね？

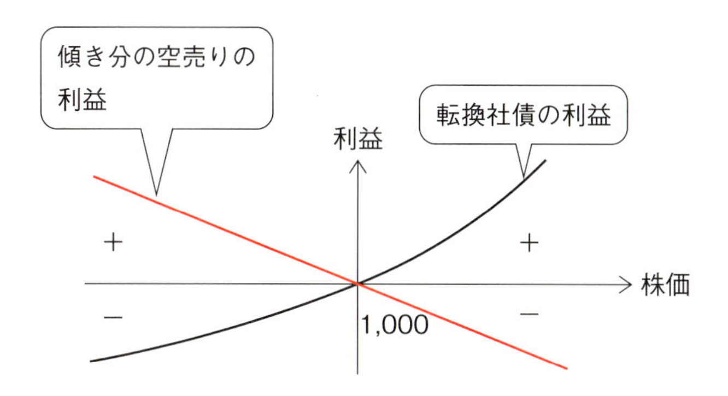

③思考実験

（スズキファンドの仮説）

転換価格1,000円を超えると、空売り分は損をしますが、空売りの傾きより転換社債の傾きが増加するのでトータルでは+となります。

逆に転換価格1,000円より下落すると、空売りは利益を出し、転換社債の傾きが減少するのでトータルは+となります。

つまり、**株価が上がろうが下がろうが利益の出るポジションを作った**のです。この仮説が正しければ筆者は大儲けです！

④現象と照らし合わせて合っているかどうかを検証

（実験結果）

金融の世界で、どちらに転んでも儲かるポジションを**アービトラージ**と言いますが果たして結果は、どうなったと思いますか？

空売りできる株は信用銘柄と言って限られます。さらに、転換社債を発行している会社も限られます。

空売り可能かつ転換社債を発行している会社に絞って、日々前述のようなエクセルのグラフを作成しました。

グラフの傾きが0から1に向かう途中で転換社債の購入と、傾き分の空売りを同時に行います。

このポジションを組んだ当時、日経平均225の指標の動きが大きく、つまり**ボラティリティσ**が大きく、おかげさまでドンドン利益が積み上がっていきました。

ところがです。株価の変動がない場合、スズキファンドに綻びが出始めたのです。

利益が0になるどころが、転換社債の価格がじわじわ下がってきたのです。もう一度コールオプションの簡易計算の価格の式を見てください。

$$\text{コールオプションの簡易式；} C \fallingdotseq S \times \frac{1}{\sqrt{2\pi}} \sigma \sqrt{t}$$

つまり、転換社債の満期までの時間tが減少するにつれ、コールオプションの時間的価格がどんどん減少したために、次の図のように、実線のグラフから点線のグラフに移行し、転換社債の価格が減少してきたのです。

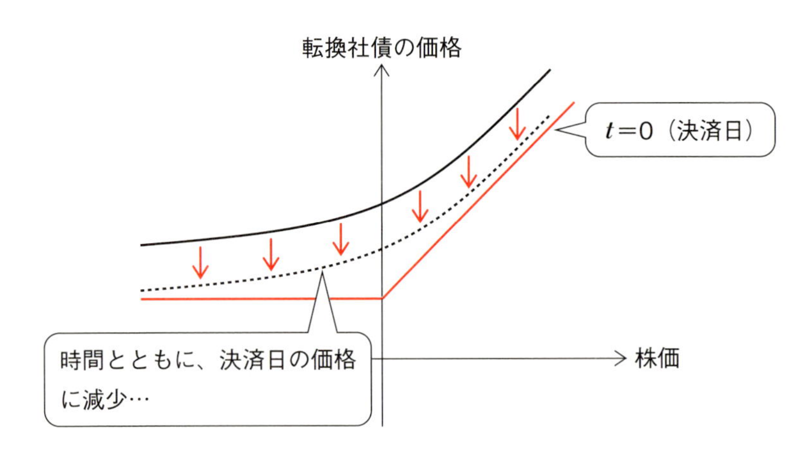

全くもって間抜けな話です。オプションの時間的価値を忘れていたのです（涙）。

（実験を通してわかったスズキファンドの仮説の欠点）

スズキファンドの実験で、ボラティリティσが大きい場合はスズキファンドは成果を上げるが、ボラティリティσが小さくなるとオプションの時間的価値$\sqrt{t}$に利益を持っていかれる。この欠点を埋めるには、さらなる重ね合わせが必要となる。

（理論を離れ感情の赴くままに行動するとどうなるか）

スズキファンドはトータルではそこそこ儲かったのですが、この儲けをもっと増やそうと前述の株の現物買いと株の空売りに手を出してしまい、またまた大量出血となりました（涙）。

物理的思考法で考えたスズキファンドだけやめればよかったのです。スズキファンドの改良型も考えたのですが、悪いことに年追うごとに、転換社債を発行する法人そのものが急激に減少してしまったのです（涙）。

（結論）

株と物理の間には驚くほど共通点があり、ブラックショールズの方程式がブラウン運動をきっかけに生み出されました。しかしながら、やはり実際の市場の動きは、人間の考えた理論を超える価格変動がしばしば起こりノーベル賞受賞者でも破たんしてしまう事実を見ると、理論は万能ではないことがよくわかります。

筆者の場合、投資信託のように他人に任せるのではなく、自分で商品を組みあせた実験を行った結果の損失ですから後悔はありません。

もちろん負け惜しみです（涙）。

コラム　断熱材（その1）

筆者は引っ越しマニアであり、今まで12回以上引っ越しを繰り返して来ました。

様々な物件に住みましたが鉄筋コンクリート造のマンションに住んでいると、室内は夏は暑くなり冬は寒くなると感じていました。

皆さんは、いかがでしょうか？

以前から不思議に感じていたのは、建物の**壁には断熱材があるのになぜ夏は暑くて冬は寒くなるか**です。

断熱材とは、その名の通り**熱の出入りをさえぎる素材**なので室内の温度が外気の温度に左右されるのはおかしいと感じていました。

ところが11回目の引っ越しで、六本木ヒルズのレジデンス棟に住んで驚きました。

室内の温度は、外気にあまり左右されないのです。例えば、寒い冬に室内は暖房なしでも暖かさを感じます。驚いたことに室内だけではなく、廊下も暖かいのです。

これは、廊下に暖房が通っているのか？？と思ったほどです。しかし、よく調べてみると建物の**断熱材の位置**に違いがありました。

それは、六本木ヒルズのレジデンス棟が**外断熱**だったのです。建物の断熱は、**外（そと）断熱と内断熱**の違いがあります。外断熱は、建物全体が断熱材で覆われています。

これに対して、内断熱は建材の内側にありますが、RC（鉄筋コンクリート造）の場合、柱や梁（はり）の部分には断熱材が入っていない場合が多いです。

（続く）

第７章

エントロピーと会話力

この章では**エントロピー**という物理量が登場します。ちなみに、エントロピーは高校物理では扱わずに大学ではじめて登場する分野です。

読者の皆さんにエントロピーを理解してもらうために、まず**部屋が散らかる**という身近な例を挙げます。

さらに、**エントロピーとコミュニケーション能力との関係**を考察し、後半で**エントロピーと熱、温度との関係**を考えます。

まず、エントロピーを理解するには前章の**ブラックショールズの式**でも登場した**log（ログ）**という関数が必要となります。

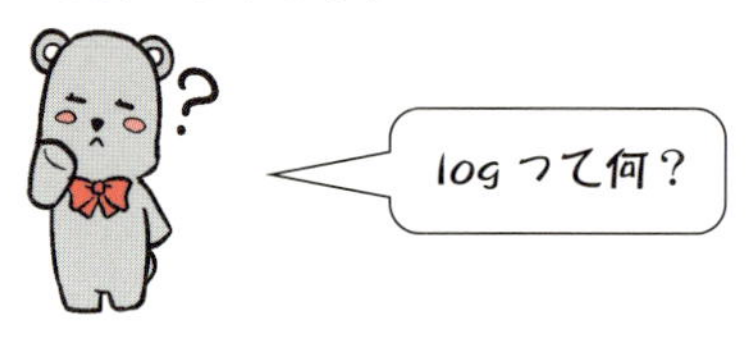

そこで、まずlogの説明にお付き合いください。

logって何？

高校数学で**log**（ログって読みます）が登場するのですが、おさらいを含めて次のような、xの方程式の解を考えてください。

$$10^x=100$$

上式左辺は10のx乗（じゅうのえっくすじょう）と読みます。10の右肩に乗っているxを**指数**と言います。x乗は10を何回掛け算したかを表すのです。つまり、上式は10を何回掛け算すると100になりますか？という問題です。

もちろん、$10\times10=100$ですから、xは2となりますよね！

では、次はどうでしょう？

$$10^x=1000$$

これも、余裕ですね。もちろん$x=3$です。では次はどうですか？

$$10^x=1$$

0以外のどんな正数も0乗すると1になる、というお約束があります。

よって$10^x=1$の答えは$x=0$です。では、次はどうですか？

$$10^x = 70$$

ちょっと困りますね（汗）。10のx乗が70となる、ぴったりした値xが見当たらない…。

そんな場合に、xを次のように表すのです。

$$x = \log_{10} 70$$

$x=$に続くlogのことを**対数**、logの次に小さく書いた数字10を**底**と呼びます。

$\log_{10} 70$は、**10を底（てい）とする70の対数**と言います。つまり、$10^x = 70$のxを式で表すためにlogを使うのです。

対数logは、大きな数字を表すのにとても便利！！

例えば、全財産100円のAさんと、全財産100万円のBさんの差は割合を考えると1万倍の違いがありますね。

では底を10とする対数logで、AさんとBさんの財産を比較すると、どうでしょうか？

$$\text{Aさんの財産の対数} = \log_{10} 100 = \log_{10} 10^2 = 2$$
$$\text{Bさんの財産の対数} = \log_{10} 100\text{万} = \log_{10} 10^6 = 6$$

上記の結果をみると、AさんとBさんの**財産対数**の差はわずか4です。

マイクロソフト創始者のビルゲイツの総資産は約10兆円といわれていますが、対数をとるとどうでしょう？

$$\text{ビルゲイツの財産の対数} = \log_{10} 10\text{兆円} = \log_{10} 10^{13} = 13$$

庶民的な？レベルのBさんと、ビルゲイツの資産をlogで比較するとわずか7しか違いがないってことがわかりますよね！

logは、掛け算を足し算にできるのがイイ！

対数logの最大のメリットは、**掛け算を足し算にすることができること**です！

先に結論を言ってしまうと次の関係があります。

$\log AB = \log A + \log B$

logの中にある掛け算は、logどうしの足し算にできる！

（logAB＝logA＋logBの証明）

$A=10^a$、$B=10^b$とします。logABを計算すると次のようになります。

$$\log AB = \log 10^a \times 10^b = \log 10^{a+b} = a + b$$

一方、logA、logBをそれぞれ計算します。

$$\log A = \log 10^a = a$$
$$\log B = \log 10^b = b$$
$$\log A + \log B = a + b$$

まさにlogAB＝logA＋logBであることがわかりますよね！

だから何なの？？って思うかもしれませんが、**どんな掛け算でもlogに入れると足し算に変換できる**のはなかなか便利です。

例えば2×2は4ですよね？

では2をかける操作を30回繰り返すと、大まかにどんな数字になりますか？

ちなみに、$\log_{10}2 = 0.301$とします。

logに$\underbrace{2\times 2\times \cdots\cdots \times 2}_{30個}$を入れます。

すると、logAB＝logA＋logBのルールによって次のようにlog2を30回足す計算となります。

次のように足し算に変換できます。

$$\log 2\times 2\times \cdots \times 2$$
$$= \underbrace{\log 2 + \log 2 + \cdots + \log 2}_{30個} = 0.301\times 30 = 9.03$$

つまり$2^{30}=10^{9.03}$となります。

$10^9=10$億ですから、$2^{30}=10^{9.03}$は10億よりちょっと大きな数字であることがわかりますね！

ここまで高校数学のような話が続きましたが、これでやっと**エントロピー**の扉を開くことができます！

ここから、どんどん楽しい話になります（そのはずです）。

エントロピーとは何か？

エントロピーを次のようなイメージで捉えます。下の図は、筆者の部屋と考えてください。これから、筆者の**部屋が散らかるという現象**を考えてみます。

部屋を次の図のように縦10行×横10列の100マスの区間に分けます。マスの位置は、縦の行なら漢数字の（一、二、三…）、横の列はアラビア数字の（1、2、3…）で表します。ちょっと将棋の駒の位置を表すのによく似ていますよね。ただし、将棋は9×9の81マスです（汗）。

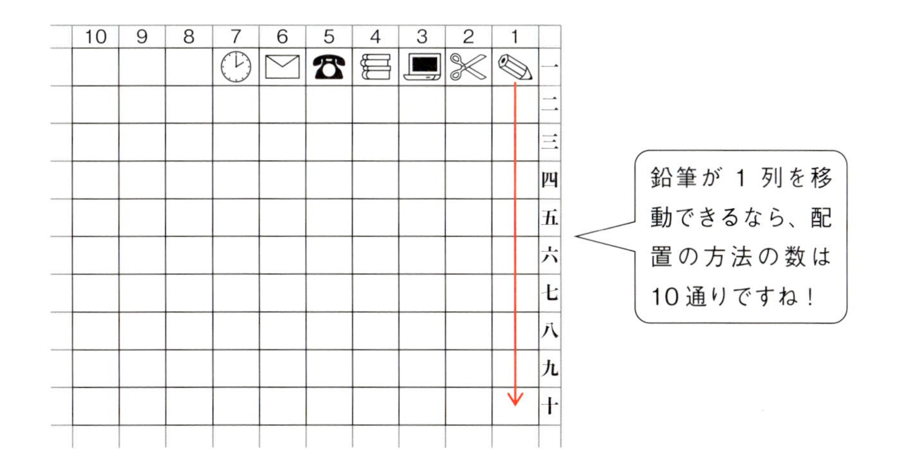

将棋では、駒の位置を先手2七歩のように表しますが、これと同様に部屋にある、鉛筆、ハサミ…の位置を「3二鉛筆」のように表します。

上図では、「1一」に鉛筆、「2一」にハサミ、「3一」にパソコン、「4一」に本、「5一」に携帯電話、「6一」に手紙、「7一」に時計がありますが、それぞれの決まった置き場所と考えてください。

ここで、鉛筆が1列の位置を自由に移動というルールの下で鉛筆を放り投げるとします。1列上で放り投げた鉛筆が達する位置は**1一**から**1十**まで、10通りあることがわかりますよね？この鉛筆の1列上での配置方法の数をWという記号で表すと、W＝10ということになります。

では突然ですが、**エントロピー**をlogと配置方法の数Wを用いて次のように定義します。

エントロピー＝logW（底は10とします）

上記のエントロピーは何を表すのかを一言で言い表すのは難しいのですが、とりあえず**多様性**と考えてください。

配置の数Wが多くなるほど、**多様性**を表すエントロピーは大きくなります。

多様性という言葉の響きはよいので誤解のないように言いますが、秩序だった状態から多様性が大きくなると、**無秩序な度合いが増えるあるいはでたらめさが増える**と捉えることができます。

上記の部屋の例で言うと、**エントロピーが増えると散らかり放題になる**ことです。

エントロピーと日常使われている言葉を対応させると次のようになります。

エントロピーが増加する＝
- **多様性が大きくなる**
- **無秩序な度合いが増える**
- **でたらめさが増える**

エントロピーのイメージをここまでの流れでしっかり押さえてもらえたでしょうか？

では、実際にエントロピーはどのように計算できるのでしょうか？

エントロピーの計算をしてみよう

鉛筆が1列の位置を自由に移動できる場合のエントロピーを計算しましょう！

鉛筆が1列の位置を自由に移動できるエントロピー$=\log_{10}10=1$

仮に、鉛筆を10×10のどのマス目に置いてもよいとします。1コマに2つの物がダブってしまうのもありとします。つまり、パソコンの上に鉛筆を置くような配置もオーケーです。物の上に物を積み重ねるのは筆者の悪い癖です。

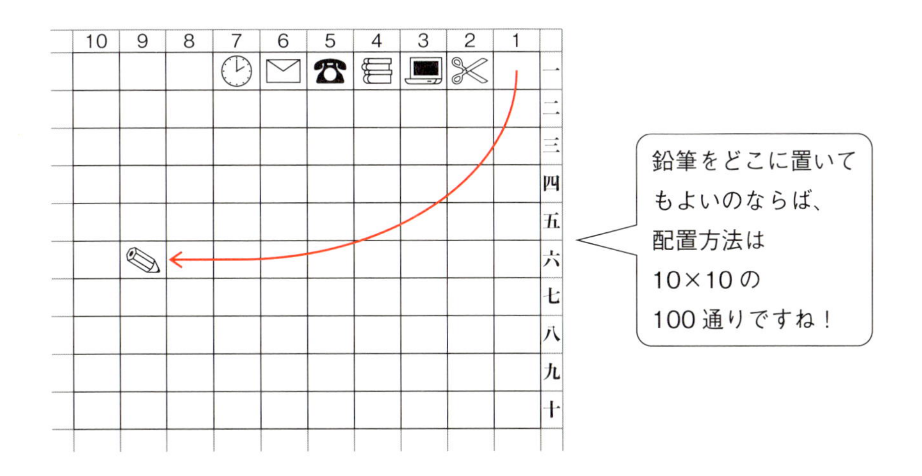

今度は、配置方法の数Wは、$10\times10=10^2$通りとなります。この場合の、エントロピー$=\log W$は次のように計算できます。

鉛筆が部屋を自由に移動できるエントロピー$=\log_{10}10^2=2$

1一に鉛筆が接着剤などで固定されている場合、当たり前ですが配置の方法は1通りなので、W＝1ですね！この場合のエントロピーは次のように計算できます。

鉛筆が決まった場所に固定のエントロピー$=\log_{10}1$

上式は、“10の何乗が1になりますか？”という意味です。0以外のどんな正数も0乗は1となるお約束を思い出せば、**$\log_{10}1=0$となりますね。**

鉛筆が決まった場所に固定のエントロピー$=\log_{10}1=0$

鉛筆が決まった位置1一にある場合は、エントロピーは0です。

ところが、1列の位置を自由に移動できる場合、エントロピーは1となり、100マス自由に移動できるとなるとエントロピーは2に増加したわけです。

つまり、決まった位置に置くという規則がなくなり、部屋の中を自由に動ける状態を許容するとエントロピーは0から2に増加することになります。

物を常に同じ場所に置くならばエントロピーは0

⇩ エントロピーは増大する

物を自由に動ける状態にするとエントロピーは2

エントロピーは増大する

このような物の自由度とエントロピーの考え方は、カジノでも観察することができます。

ラスベガス等のカジノでスロットマシンを回すとよくわかるのですが、77777と並ぶのは極めてまれでありエントロピーは小さいのに対し、バラバラな絵柄が出てくることはエントロピーが大きいといえます。

スロットマシンと同様に、鉛筆に自由に移動できるという状態を与えた場合、いつまでも位置1一にとどまることは稀ですよね？

つまり、確率的に事象は、より場合の数が大きいほうに向かうのですから、エントロピーは増大する方向に向かうのです。

『エントロピーは時間と共に増大する』という原理は、後半でもう一度登場しますので頭の片隅に置いてください。

エントロピーの合計は足し算

さて、鉛筆が100マス上を自由に動けるならば**エントロピーは2**ですが、2一にあったハサミも自由に動けるとエントロピーはいくらになりますか？

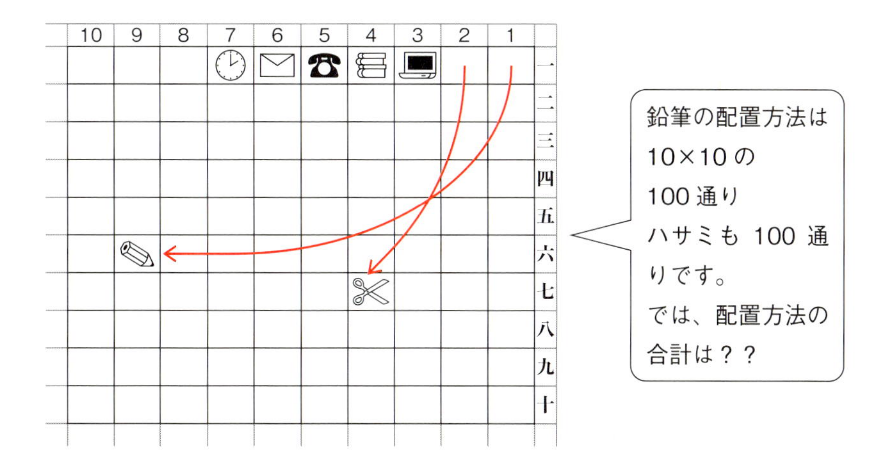

配置の方法は、鉛筆が100通りでハサミも100通りあるのですから次のように計算できます。

$$場合の数W=100\times100=10^2\times10^2$$

よってエントロピーは次のように計算できます。

$$エントロピー=\log W=\log 10^2\times10^2$$

ここで、**logの大切な特徴に掛け算を足し算にすることができる**っていうのがありましたよね？

$$\log AB=\log A+\log B$$

上記の公式を使うと、エントロピーは次のように計算できます。

$$\log W=\log 10^2\times10^2$$
$$=\log 10^2（鉛筆のエントロピー）+\log 10^2（ハサミのエントロピー）$$
$$=2+2=4$$

場合の数Wは鉛筆の配置の数100と、ハサミの配置の数100の**掛け算で計算**できます。

これに対して、場合の数Wに対するエントロピーは、鉛筆のエントロピー2とハサミのエントロピー2の**足し算で計算**できました。

エントロピーの**合計を足し算で計算**できるのは、とても便利だと思いませんか？

物理で登場する量の合計を求める場合、**足し算で計算できることがとても重要**なのです。

例えば、お皿に100gの肉があり、さらに200g追加したとしますよね。肉の重量の合計はどのように計算できますか？

肉の重量の合計＝100g＋200g＝300g

…**合計は和で計算**できました！

エントロピーをlogという関数で表現することで、複数のエントロピーの合計を**掛け算ではなく足し算で計算**できます。

ですから、エントロピー＝logWは質量やエネルギーと同じように、物理の量としての地位を与えることができるのです。

ここまでのお話を整理すると次の通りです。

①部屋の中での物の自由度はエントロピーで数値として表現できる
②エントロピーは時間と共に増大する
③複数のエントロピーは、他の物理量と同じように足し算で簡単に計算できる

では、7つの物が全部解き放たれ自由に動ける状態のエントロピーはいくらになりますか？

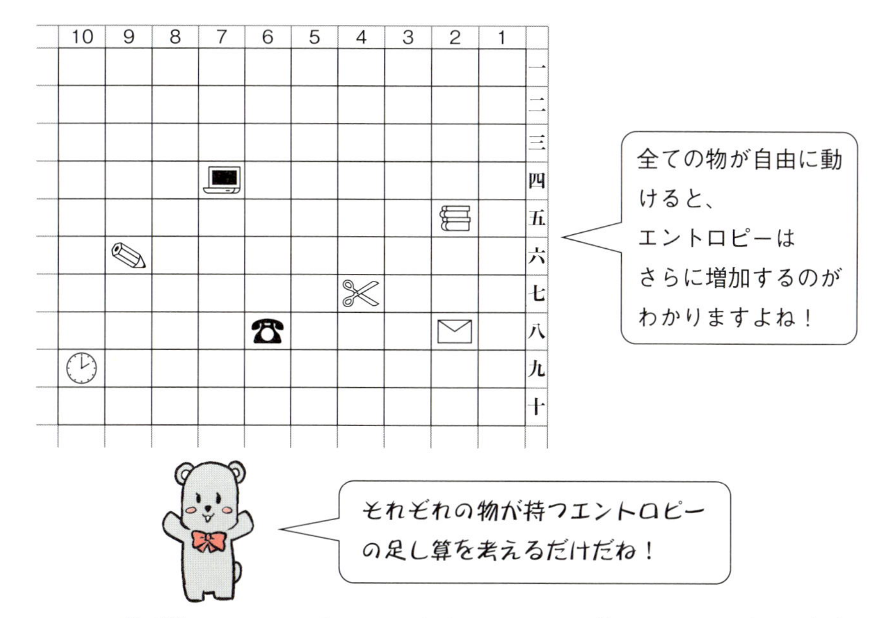

1つ1つの物が持つエントロピーは2でしたので、7つの物のエントロピーの合計は次のように単純な足し算です。

エントロピー＝2+2+2+2+2+2+2＝14

鉛筆のみが動けるエントロピー2に比べ14は、はるかに大きな数字であることがわかります。

なぜなら配置の数Wに置き換えると次のような数字となります。

鉛筆のみが動けるエントロピー＝2→配置の数W＝10^2
7つの物が動けるエントロピー＝14→配置の数W＝10^{14}

配置の数W＝10^{14}は巨大な数字ですよね！これはビルゲイツの財産10兆円＝10^{13}円の10倍の巨大な数字です（比較しても意味がないのですが…）。

とにかく、巨大な数字を表すためにはlogという対数関数が便利であることが、ご理解いただけるでしょうか。

ゴミ屋敷になる前に

さてここまでは、筆者の部屋が散らかるという現象をエントロピーの視点で眺めてきました。エントロピーの考えを利用すると部屋がたちまちきれいになります！（そのはずです…）

スズキ式、部屋をきれいにする方法

①エントロピーを増やさないために物を好き勝手な場所に置かない
②物の置き場所を厳密に決めて、常にその場所に置くことでエントロピーが0となる
③部屋のエントロピーはそれぞれの物のエントロピーの和なので、思い切って物を減らす

会話力とエントロピー

ここまでは、部屋が散らかるということを例に挙げてエントロピーについて考えました。ここからは、**コミュニケーション能力を高めるためにもエントロピーの考え方が役に立つ**ことをご説明します。

社会に出て一番大切な能力は何でしょうか？発想力、情報処理能力、英語力…と様々な能力がありますが、個人的には**会話力**が最も重要ではないかと考えています。

もちろん、筆者が予備校で物理を教える際に、この**会話力**は絶対必要となるのは言うまでもありません。

予備校の講師をやっていると、ときどき大学生になった教え子が訪ねてきて、就職活動をやっているとの話を聞く場合があります。

“会社で何をやりたいの？”と聞くと「企画」とか、「クリエイティブな仕事」とかずいぶん耳障りのいいことを言います。

筆者が、“営業はどうなの？”なんて振ると、判を押したように**営業だけは絶対嫌だ！**って返事が返ってきます。

実に不思議な話です。メーカーでどんなに優れた製品を生み出したとしてもそれを伝える能力がなければ、売れることはないでしょう。これからの時代は、会話力をはじめとするコミュニケーション能力が必須となると思うのですが…。

そこで、**相手に伝わる話し方**として、次の仮説を提示します。

スズキの仮説　相手に伝わる話し方

1. 会話に含まれるキーワードによるエントロピーを減らすと相手に伝わりやすい
2. 会話に含まれる、キーワードの許容量は1つの文章に対してせいぜい3である

会話の情報は、感覚器官を通して脳内に放たれます。この情報が脳内の決まった領域に保存されるのか、複数の領域を神経回路を通じてぐるぐる回っているのかはわかりません。

しかし、あるキーワード1が頭に入ると、なにがしかのエントロピーを持ちますので、それをS_1とします。次のキーワード2のエントロピーをS_2と表すと、エントロピーの合計は単純な和としてS_1+S_2と表すことができます。

会話に含まれるキーワードが増えるたびに、脳内のエントロピーは増大する一方です。

ですから、会話のエントロピーはできるだけ減らしたいのです。また会話に含まれるキーワードの許容量は3であるとの仮説ですが、本当にあっているのかを思考実験したいと思います。

思考実験1

上記のように大文字のA、B、Cがあって踊っているとします。では、目を閉じて3文字が踊る場面をイメージできますか？

A、Bが仲良く踊って、Cが蚊帳の外で一人さみしく踊っているみたいな絵が浮かんでしまった…

では、もう1人大文字Dが加わって4文字が踊っている姿はイメージできますか？

あれ？？４文字同時に踊る姿がイメージできない…

いかがでしょうか？筆者は何度実験を行っても、4文字同時に踊っているところを想像することができません。

人間の脳内で把握できる変数は**3**が限界であることが、思考実験によってわかると思うのですがいかがでしょうか？

ですから、**会話に含まれるキーワードの許容量はせいぜい3**です。もちろん踊るアルファベットでは、会話との対応がないとの指摘もあると思うので会話にちなんだもう1つの思考実験を行います。

思考実験2

最近あるメーカーの新製品の発表で、次のようなセリフを見つけました。

「ビジネス環境がめまぐるしく変化している中、ワークスタイルの多様化を実現するためのテクノロジーの変革への取り組みが重要視されています」

上記の文章を読んで、皆さんの脳内ではどのようなことが起きたでしょうか？文章なら読み返すことができますが、会話として発信されたのです。筆者の正直な感想は、**“一体何が言いたいの？？”**です。

キーワードの数を確認すると、①**ビジネス環境**、②**ワークスタイル**、③**多様化**、④**テクノロジー**、⑤**変革への取り組み**の5つとなります。

キーワードの数5つは、スズキの仮説による限界のキーワード3を超えています。

まさに、キーワード3を超えると脳内のエントロピーの許容量を超えて理解できないのです。

そもそもこの説明で、本当に売る気があるのか？？って思いませんか？

ジャパネットたかたの高田社長

ジャパネットたかたの高田社長の話し方を見ていると、会話のエントロピーが少ないなあ…と思わずにはいられません。

デジタルカメラを説明する際に、画素数、シャッタースピード、消費電力、レンズの性能、値段…ときりがないはずなのですが、高田社長が説明すると、次のようになります。

「お孫さん、お子さんを撮影してください！こーんなに引き伸ばしても画像がきれいなんですよ！」

まず、専門的な用語は使わずにデジカメが家族と触れ合う道具であることをイメージさせて、画素数が大きいことを「引き伸ばしてもきれい」というわかりやすい言葉で説明しています。

キーワードは絞られているので、エントロピーがとても少なくて脳に心地よいですね。筆者も、予備校講師として高田社長のようにわかりやすい講義を目指しています。**今日の重要ポイントは11個だよ！**って言われると授業を聞く気が萎えますよね。実際に11個だったとしても、今日の**ポイントは3つだけ！**って言いきっちゃいます。

さて、ここまでは**エントロピーを部屋の散らかる度合いを例に挙げて説明しましたが**、ここからは**熱と温度とエントロピーの関係**を考えたいと思います。

熱と温度とエントロピー

そもそも温度と熱とは何なのか？

温度は、日常生活でよく使われる言葉です。今日は暑い！ 35℃だよ…この冬一番の寒さ、−5℃などなど…。寒暖を表す量として、**温度**はとても身近な数字ですね。

日本で温度の単位は摂氏（℃）が使われます。摂氏は水の凝固点を0℃、水の沸点を100℃とした単位ですね。

筆者は頻繁にアメリカ、特に**ラスベガス**に行くのですが温度表示に華氏（°F）が使われていて混乱します。水の凝固点が32°F、沸点が212°Fです。夏に第二の故郷ラスベガスを訪れた際、最高気温が100°F超えたのを見たときは衝撃を受けました。本書では摂氏（℃）に統一して話を進めます。

ところで、温度の最小値は−273℃というのはご存知ですよね？そもそも、なぜ−273℃が最小値なのでしょうか？さらに温度の正体は何なのかを考えます。

シャルルの法則

次の図のように、容器内に気体を閉じ込めます。容器内では酸素や窒素等の分子が容器内をランダムな方向に動き回っています。

気体の圧力を一定に保ちながら、気体の温度t℃を上げると膨張します。つまり気体の体積V〔m^3〕が増加するのですが、1787年にフランスの物理学者ジャック・シャルルの実験によって次のことがわかったのです。

シャルルの発見

温度を1℃上げると、0℃のときの体積の$\frac{1}{273}$倍、増加する。

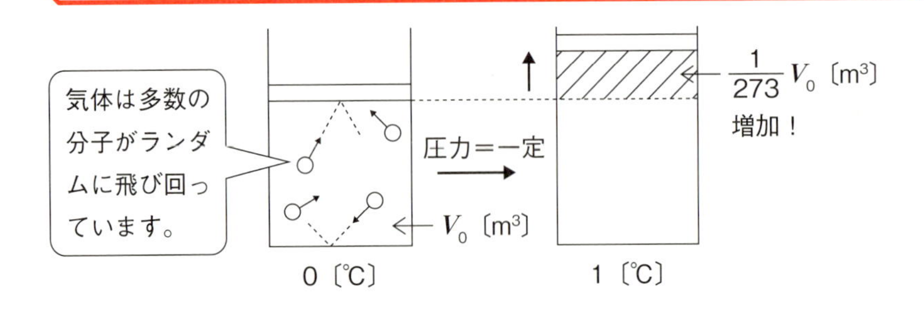

例えば、0℃での気体の体積をV_0〔m^3〕とすると、温度が1℃上昇すると、体積が$\frac{1}{273}V_0$だけ増加します。

よって、0℃からt℃温度が上昇すると、体積が$\frac{t}{273}V_0$だけ増加します。

では、逆に0℃から温度をどんどん下げていくとどうなりますか？
次の図は縦軸に体積V〔m^3〕、横軸に温度t℃を与えたグラフです。
グラフを見てわかるように、温度をどんどん下げていくと、1℃下がるたびに体積は$\frac{1}{273}V_0$ずつ減少しますので−273℃で体積が0となってしまいます。

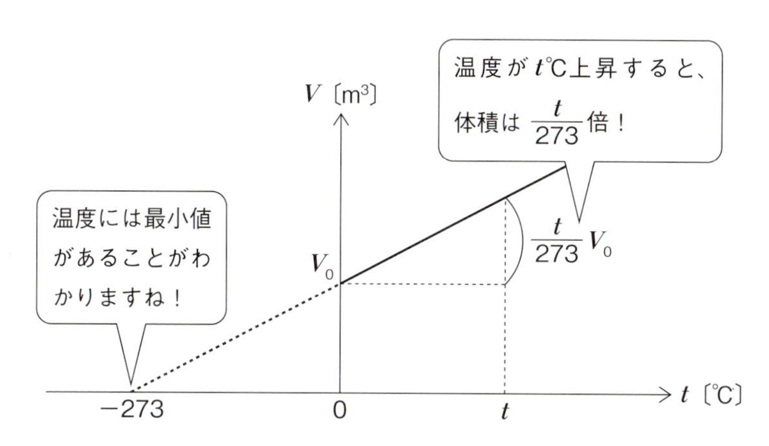

つまり、−273℃が温度の最小値となるわけです。そこで最小値−273℃を改めて0に取り直した温度を**絶対温度**と呼び、記号はTで表します。絶対温度Tの単位はK（ケルビン）で表し、摂氏の1目盛りの幅＝1℃と絶対温度の目盛りの幅1〔K〕を一致させます。
すると、0℃は273〔K〕となります。

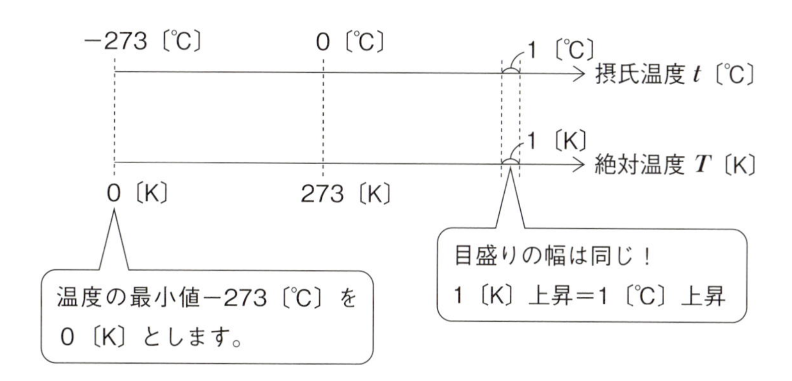

もうおわかりだと思いますが、絶対温度T［K］と摂氏温度t［℃］の関係は、次のようになります！

絶対温度：T［K］＝摂氏温度t［℃］＋273

ここで（絶対）温度の正体をはっきりさせましょう。

1つ1つの分子は**運動エネルギー**$K=\frac{1}{2}mv^2$〔J〕をもっていますよね。それぞれの分子がもつ運動エネルギーK〔J〕は様々な値をとるのでKは平均値と考えてください。絶対温度T［K］はK［J］と比例関係なのです。

絶対温度T〔K〕は運動エネルギーの平均値K〔J〕と比例関係にある。

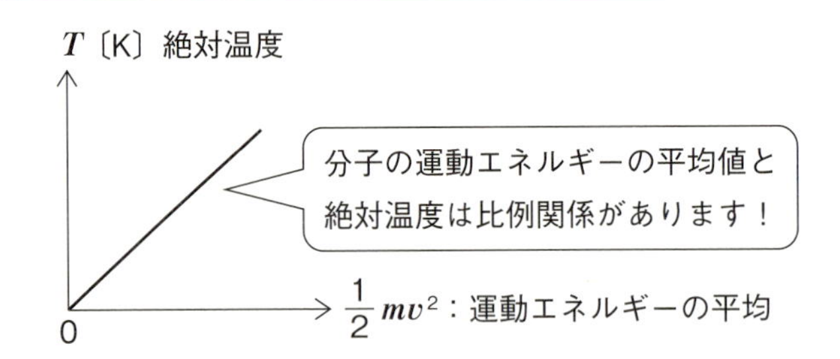

では、絶対温度0〔K〕はどのような状態でしょうか？

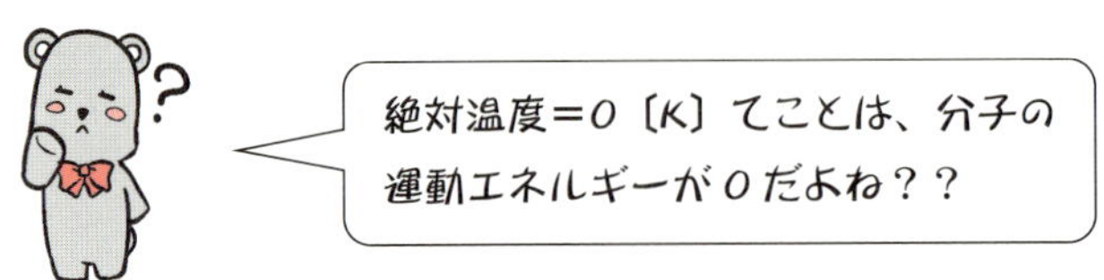

絶対温度T〔K〕と運動エネルギーK〔J〕は、比例関係にあるので絶対0度（T＝0〔K〕）では、分子の運動エネルギーが0です。

つまり、分子は全部静止状態です。では、エントロピーはいくらになりますか？

$$\text{エントロピー}=\log W$$

分子は全部静止状態なので、取りうる状態の数Wは$W=1$です。

$$\log_{10}1=0$$

よって**絶対温度0〔K〕のエントロピーは0**です。温度が上昇すると分子の運動エネルギーも増加しますので、分子の取りうる（エネルギーの）状態Wが増加します。

温度T〔K〕とエントロピーの関係は後ほど説明しますが、とりあえずは**温度が上がるとエントロピーは増大**することを覚えてください。

章の前半では、logを用いてカタイ定義をしましたが、**温度が上がるという、とても身近な現象にも、エントロピーが潜んでいた**のです。

『**儲かる物理**』らしく（？）、絶対温度T〔K〕を資産に置き換えると次のイメージが成立します。

絶対温度$T=0$〔K〕→エネルギー＝0〔J〕→資産0円
絶対温度Tが低い→エネルギー少ない→資産少ない（貧困）
絶対温度Tが高い→エネルギー多い→資産多い（富豪）

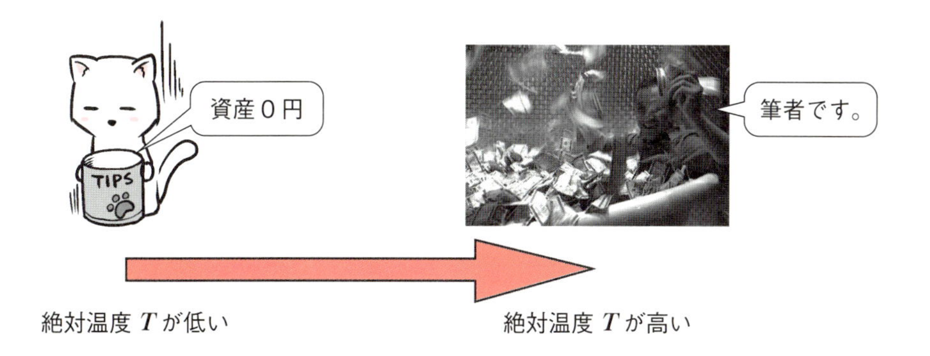

熱とは？

次に**熱**とは何かを考えます。次の図のように、ガスコンロでお湯を沸かす場面に注目します。

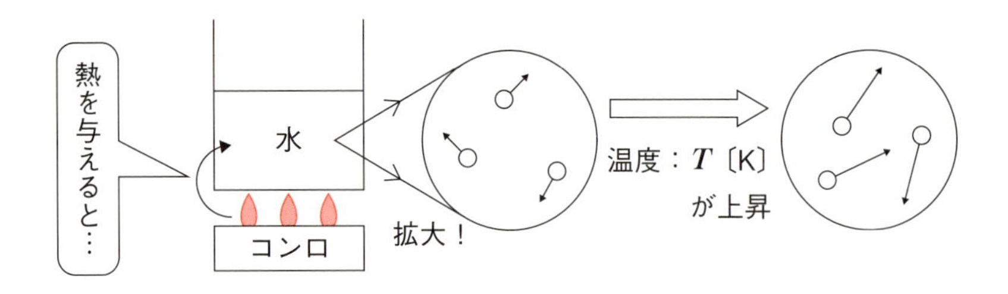

ガスコンロによって、水に熱を与えると温度が上昇しますね。**絶対温度T〔K〕は分子の運動エネルギーK〔J〕に比例**でしたよね。つまり、温度が上がると分子の運動エネルギーは大きくなります。

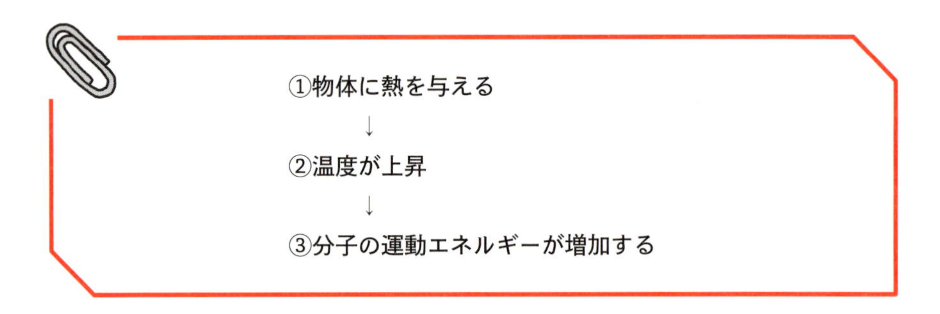

①物体に熱を与える
↓
②温度が上昇
↓
③分子の運動エネルギーが増加する

以上のことから、**熱を与える＝エネルギーを与える**ことにほかならないことがわかります。

つまり、**熱の正体はエネルギー**です。今後は熱を**熱エネルギー**と捉えQ〔J〕という記号で表します。

『儲かる物理』的には、絶対温度Tを資産に置き換えましたが、熱エネルギーQは受け取るおカネのイメージです。

エントロピーと熱と温度の関係

物体に熱を与える過程に再度注目します。

①物体に熱を与える
↓
②温度が上昇

↓

③分子の運動エネルギーが増加する

↓

④物質のエントロピーが増大する

エントロピーの変化は、物質の絶対温度T〔K〕と物質が受け取った熱Q〔J〕を用いて、次のように表すことができます。

$$\text{エントロピーの変化} = \frac{Q}{T}$$

上記の式は、同じ熱Qを与えても物体の温度Tが低い場合はエントロピーの変化が大きくなり、物体の温度Tが高い場合はエントロピーの変化が小さくなることを表現しています。

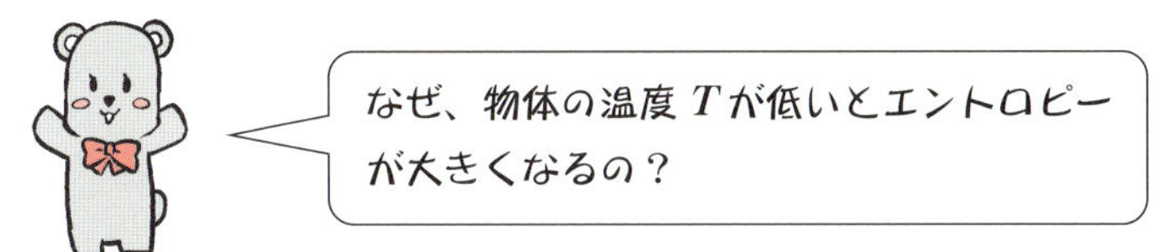

おカネのやり取りで例えると、温度が低いのは資産が少ない状態でしたね。ですから資産1000円の人に1万円を渡すと、インパクトが大きいですよね？

これに対し、温度が高いのは資産が多い大富豪ですから、1億円の人に1万円を渡してもインパクトが少なすぎて、影響がほとんどないと考えることができます。

資産1000円の人に1万円を渡すと、インパクトが大きいのでエントロピー変化が大きくなるのです。

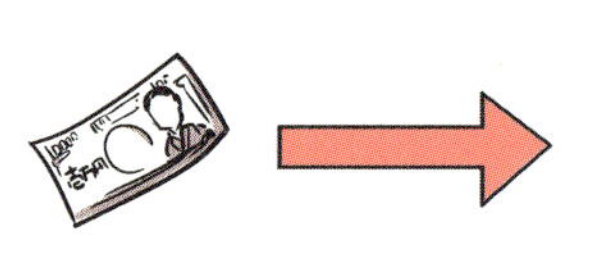

資産1億円の人に1万円を渡しても、インパクトが極めて小さいのでエントロピー変化が小さいのです。

エントロピーは増大する

次の図のように、温度T_1〔K〕の氷水と温度T_2〔K〕のお茶を用意します。

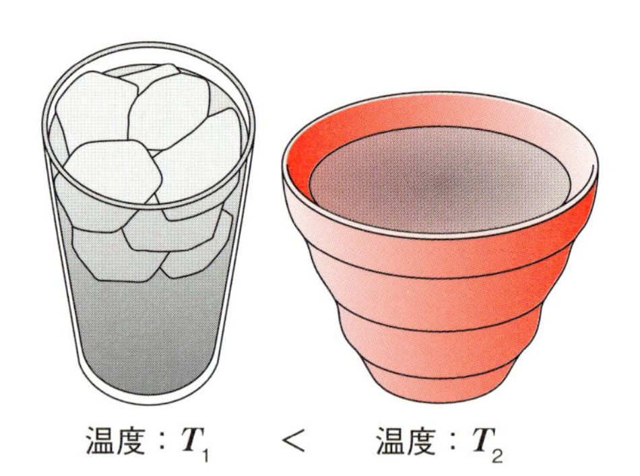

氷水とお茶を接触すると、何が起こりますか？

常識的に考えて、高温のお茶から低温の氷水に熱が移動しますよね。もし、逆に氷水からお茶に熱が移動すると、お茶の温度が上がって沸騰し熱を失った氷水はどんどん凍り付く…ってあり得ないですよね（汗）。

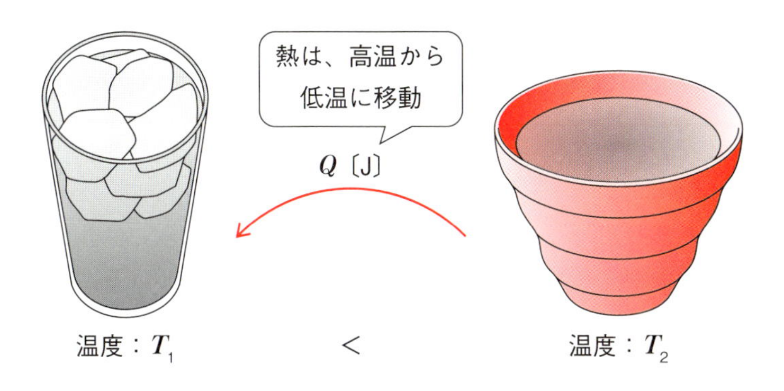

お茶から氷水へ移動した熱エネルギーをQ〔J〕とします。Qは微小量と考えるとお茶の温度T_2〔K〕と氷水の温度T_1〔K〕は近似的に一定とみなすことができます。この時の、全体のエントロピーの変化を計算します。

氷水のエントロピー変化$=\dfrac{Q}{T_1}$

お茶のエントロピー変化$=\dfrac{-Q}{T_2}$（**お茶は熱を放出するので負です**）

$$\text{エントロピー変化の合計}=\frac{Q}{T_1}+\frac{-Q}{T_2}$$
$$=Q\left(\frac{1}{T_1}-\frac{1}{T_2}\right)$$

$T_1<T_2$なので$\dfrac{1}{T_1}>\dfrac{1}{T_2}$です。よって、エントロピー変化の合計は正となり、**全体のエントロピーは増加**することがわかります。

最終的に氷水の氷は溶けて水となり温度が上がります。一方、お茶の温度は下がり最終的に両者の温度は同じとなり熱の移動は終わります。この状態を**熱平衡**または、**熱的死**と言い、全体のエントロピーは最大となります。

エントロピーの概念はドイツの物理学者ルドルフ・クラウジウスによって定義されました。1865年、我々が住む宇宙について次のような宣言を行っています。

1865年　クラウジウスの宣言

宇宙のエネルギーは保存される

宇宙のエントロピーは増大する

エネルギー保存は、**第3章**で登場しましたね！これに対し宇宙のエントロピーが増大するというのは、世の中のでたらめさが増加し、**熱的死**に向かっているという絶望的な話です。

絶望的な宇宙で、我々人間を含めた生物は肉体を維持させながら長い年月をかけて進化を遂げてきました。このことは、一見エントロピー増大の法則に反しているように見えます。

しかし、我々が体内に取り入れる食料に比べ、尿を含んだ排泄物は明らかにエントロピーが増大しています。

つまり、人間は外部にエントロピーを排出しながら、自身のエントロピー増大に必死に抵抗して生きているわけです。

コラム　熱的死に直面

ラスベガスのそばに、アリゾナスプリングスという砂漠があります。そこに天然露天風呂があり、真夏の8月に夫婦で訪れたことがあります。行きは迷うことなく到着し、温泉を楽しむことができました。

ところが、帰りに道に迷ったのです。灼熱砂漠を彷徨(さまよ)うこと5時間、飲み水も尽き果てて死の危険を感じました。

自らの喉の渇きとエントロピーを減らすべく、目に飛び込んだサボテンを食そうと思ったところ、遥か彼方にハイウエイを見つけて**熱的死（＝エントロピー増大）**から逃れることができたのです。

目の前に起きているどんな現象も常に**エントロピーが増大**していることを意識する必要があります。

例えば、ペットボトルのリサイクルは合理的な行動なのでしょうか？

使用後のペットボトルをまず粉々に砕くためには、多くのエネルギーを必要とすると同時に環境のエントロピーは確実に増大しています。

粉々になったものを溶かして再び新しいペットボトルにするために再びエネルギーが投入され、またまた環境のエントロピーが増大するのです。

ペットボトルだけを眺めると、生まれ変わってめでたしめでたしなのですが、やはり環境を含めたエントロピーがどれほど増加したのかを、改めて見直す必要があると筆者は考えます。

第8章

自由度と働くリスク・リターン

物理の世界では「**自由**」という言葉がときどき登場します。自由エネルギー、自由電子等々です。

この章では、自由度が登場します。まず物理における自由度を説明した後、働き方の自由度を増やすことが人生のリスクヘッジになることを数式とグラフを用いて示します。

自由度とは

物理で言う自由度とは？

自由度とは、物体の運動を表すために必要な変数の数です。

例えば、次の図のように車が直線道路を移動している場合、第1章でも登場しましたが原点（$x=0$）を決めて進行方向に沿ってx軸を与えます。

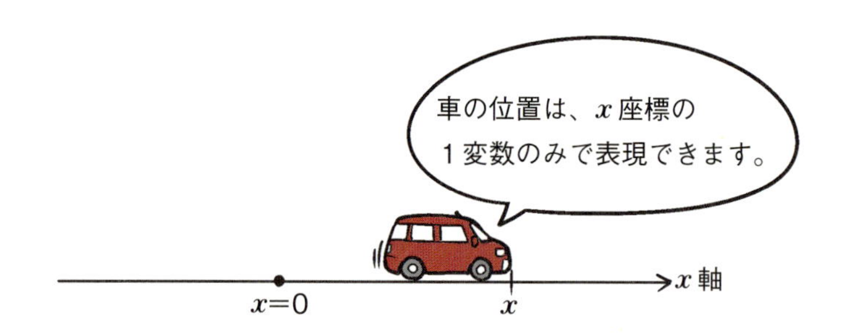

x軸を与えることで、車の位置は、$x=3$とか、$x=-5$のように1つの変数xだけで表現できます。

自由度は物体の運動を表す変数の数ですから、直線上を運動する車の自由度は1となります。

では、次の図のように車が平面を自由に移動できる場合はどうでしょうか？車の位置を表すためにはx、yの2本軸が必要となります。

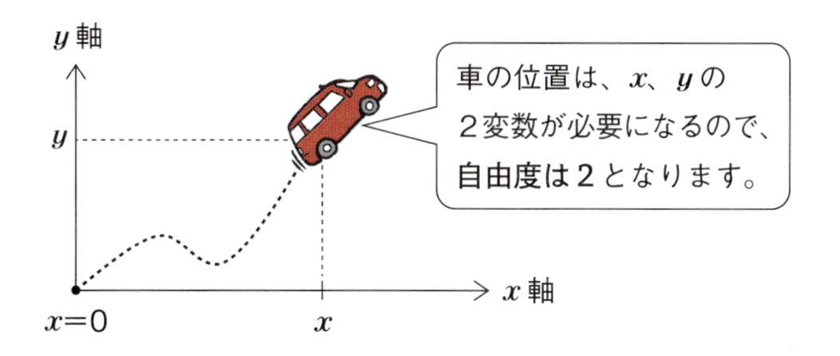

つまり、車の位置は$x=5$、$y=3$のように**変数が２つ**必要となるので**自由度は２**です。

では、次のように車が3次元の空間を自由に移動できる場合は、自由度はいくらになりますか？

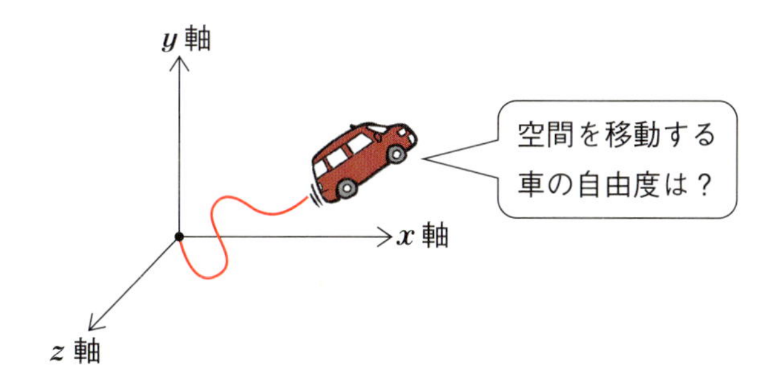

もう、おわかりですよね！車の位置を表すためにはx、y、zの3本の軸が必要となるので**自由度は３**です。

ところが、車の運動を表すには自由度3では足りないのです。なぜなら、車の運動は進む以外に**回転の要素**があるからです。

以前、羽田空港から自宅に首都高速で戻る際に大雨の日がありました。ETCのバーを通過した後、急なアクセルを踏み込んだところ、車がスピンして180°逆向きになったことがあります。

原因は、乗っていた車のエンジンの駆動部を回転させる力の**反作用**が車に働いたためのようです。幸い、交通量が少なかったので命拾いしました（汗）。

つまり車の運動を表すには、進む以外に**回転**の要素を加える必要があります。

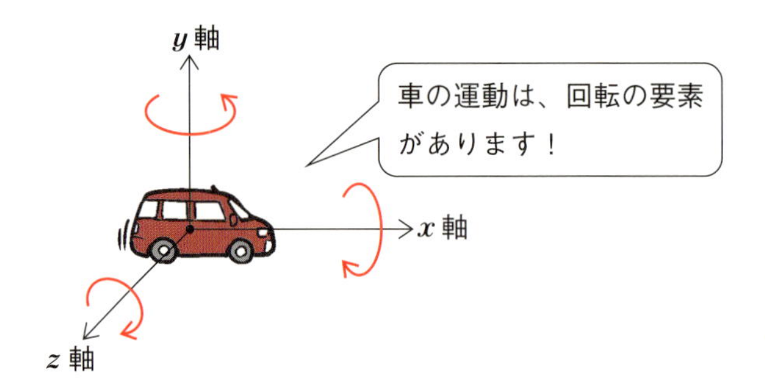

回転運動は、x軸、y軸、z軸の周りの回転で表現できます。例えば、雨の高速道路でETC通過後の運動は「y軸の周りで180°回っちゃった」と表現できます。

つまり、車の運動を完璧に表すには空間での位置x、y、zの3変数以外に、x軸、y軸、z軸の周りの回転での3変数の合計6変数が必要になります。

自由度は、物体の運動を表すために必要な変数の数でしたから、車のような大きさのある物体の運動の自由度は6となるわけです。

働き方の自由度

さて、ここまでは物理の自由度の話でしたが、ここからは働き方にも自由度という概念を入れると何が見えるかを考えます。

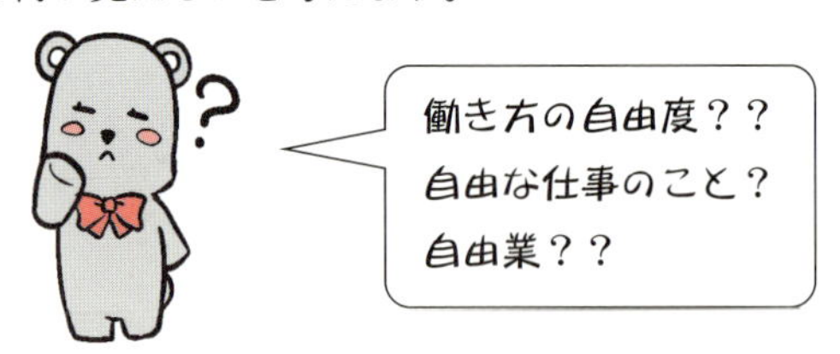

働き方の自由度は、携わっている仕事の数と考えます。つまり、1つの仕事だけに携わっている状態を**自由度1**と捉え、2つの仕事に係わっていれば**自由度2**に対応します。

働き方の自由度を増やすとどうなるかを、筆者の経験を踏まえながらご説明したいと思います。

働き方の自由度

自由度1の働き方

働き方には、大きく分けて勤めるか自営かの2種類あります。勤めならば、正社員、派遣社員、アルバイト、パート等々があります。これに対して、自営ならば個人事業主か法人経営等があります。

まず、シンプルに**働き口の数に注目**します。お勤めならば、勤めている組織の数になりますし、自営ならば、携わっている業種の数です。

ここで、章の最初に登場した**物体の運動の自由度と働き口の数を対応**させてみましょう。

つまり、働き口が1つならば自由度は1、働き口が2つならば自由度は2と考えます。

仮に、読者の皆さんが1つの会社に勤めており、収入は会社から得られる給与のみだったとしましょう。この場合は自由度が1となりますので、x軸上を移動する車と対応させることができます。

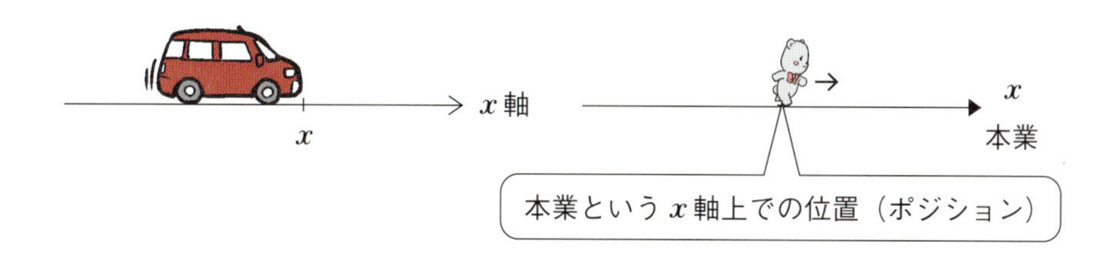

車の位置は、x軸上での座標で表現できます。これと同じように、お勤めの場合は会社という決まった軸上で、自分の位置（ポジション）を確認することができます。

右肩上がりの経済成長の時代は、この自由度1の生き方が当たり前だったのかもしれません。

ところが昨今、メーカーをはじめとする日本企業の苦戦が連日伝えられています。筆者が関わっている教育産業も少子化に伴って経営が難しい局面を迎えています。

企業経営が苦しくなると真っ先に、人員整理の名のもとにリストラが行われます。

この現状を目の当たりにすると、自由度1の働き方はリスクを伴っていることがわかります。

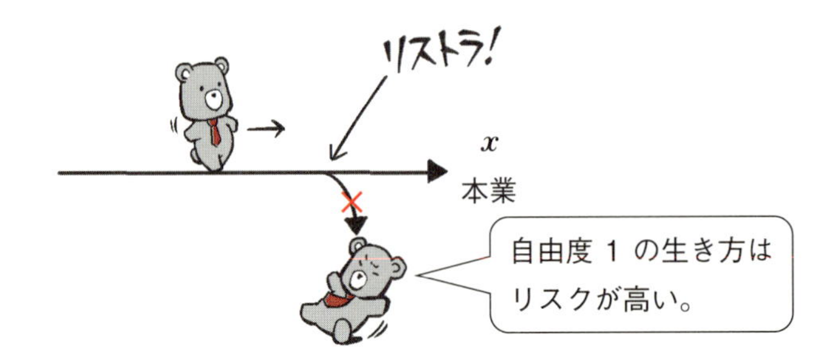

自由度1で突然リストラが言い渡され、組織の枠から放り出された瞬間、**自由度は0**となります。

これからの時代は、自由度1の働き方で本当に問題ないのかを改めて見直す必要があるのではないでしょうか？

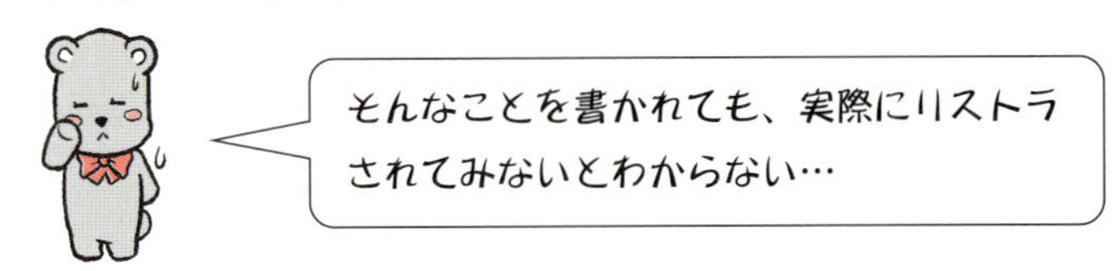

読者の皆さんは、リストラなんて実際に起こってみないとわからないと思うかもしれません。

しかしながら、組織の枠を突然失った際にどのような心境になるのかを筆者はとてもよくわかっています。

なぜなら、筆者自身が27年関わってきた大手予備校を**リストラ**されたからです。

筆者の経験

話は、2014年の夏にさかのぼります。それは、夏期講習の真っただ中、残暑の厳しい8月の末日に「**重要書類**」と書かれた見慣れないグレーの封筒が届いたのが物語の始まりです。

重要書類なんて珍しいな…と思いながら封を開けたのです。B5大の1枚の紙には次のように書かれていました。

「来年度から、現在ある27校舎のうち、20校舎を閉鎖する」

つまり、翌年から3/4の校舎が閉鎖され、それと同じ割合の職員と講師がリストラされることを意味しています。

思い返すと確かに兆候はあったのです。2005年頃から少子化による受験生の減少に輪をかけるように他の予備校に生徒を奪われた結果、講習を受講する生徒数が、第5章で登場した半減期の短い放射線同位体のように激減していました。

夏期講習の講座によっては申し込み0人の場合があり、そのままだと講座自体が閉鎖されて講師の収入も0円となってしまいます。

そこで、講師の間で流行ったのが『自爆営業』です。講座開講前日に申し込み0を確認して、知り合いに5日分の講習料を払って申し込みをしてもらうのです。

これによって、講座は開講となり、講義の収入＞1人分の講習料となります。

もちろん、生徒はダミーですから教室には生徒0なので、講師室で待機します。待機と言っても、講師室で他の自爆営業講師とくだらない話をしているだけです。

大きな災害の前には、必ず前兆があります。これは物理現象にも見ることができます。

読者の皆さんは物質の状態に、**固体、液体、気体**があるのはご存知でしょう。

物質の状態が固体から液体、液体から気体にかわる現象を相転移と言います。相転移には前兆があります。例えば、水をガスコンロなどで温めていくと、液体である水が気体である水蒸気になめらかに変化するわけではありません。

沸騰間際の水を眺めていると、突如ボコッと音をたてながら気泡が発生しますよね？

この現象を**突沸**と言います。まさにこの突沸が相転移の前兆となっているのです。

2005年ごろから始まった生徒数の減少と、それに伴う講師の自爆営業が校舎大幅縮小の相転移の予兆を示していたのです。

今、振り返ると2005年頃から何かに憑りつかれたように不動産投資や銀座の飲食業経営に乗り出したのは、もしかすると筆者が相転移を感じていたからかもしれません。

自由契約

8月の末日に「重要書類」を受け取った1か月後、2学期の授業が始まる10分前に、札幌校の局長に呼ばれて次のように宣告されました。

「先生、来年度の契約はありません」

つまり、これから授業に行こうという虚を突かれてクビを宣言されたのです。カッコ良く言うとプロ野球選手の自由契約です。

筆者がもし、自由度1の状態ならば50歳過ぎたクビ宣言によって精神的に追い込まれていたと思います。

実際の筆者の返事は、次の通りです。

「長い間、ありがとうございました。あれ？もしかして退職金みたいなものって貰えちゃったりします？？」

まさに50歳を過ぎていた筆者自身の相転移が迫られたわけですが、卒業して新しい世界が待ってるんだろうなという変な期待感が高まっていたのです。

幸い、自由度を増やしてリスクヘッジをしていたので、意外なほど冷静に受け止めることができました。**負け惜しみに聞こえるかもしれませんが（涙）。**

自由度を増やすことでリスクを減らすことができることは、章の後半でご説明します。

もちろん、現在お勤めの読者の皆さんは、筆者のように途中でクビにならずに無事に定年を迎えるかもしれません。

しかしながら、定年後は組織の枠を外れて仕事の自由度は0となります。組織の枠を外れた先の人生は、とてつもなく長い時間が待っています。

お勤めの方が、定年後に初めて残りの人生設計を考えるという話を聞いたことがあります。田舎に帰って農業を始めるとか、地元の住民が気軽に集えるカフェを始めるとか言う人がいますが、農業や商売を舐めているとしか思えません。それは、銃の扱い方を知らずに気軽な気持ちで戦場に向かうようなものでしょう。

やはり、定年を迎える前に働く**自由度**を増やす必要があるのではないでしょうか？

自由度2の人生

最近、日産自動車、富士通、花王、ロート製薬など様々な企業で**副業が解禁**となっています。

つまり企業で社員として働くのとは別に、副業をすることが許されるようになって来たのです。

副業の中身は様々です。フリーのプログラマー、週末だけ鯛焼きを販売、塾の講師等々…。

会社勤めのx軸上1次元で活動していたのが、副業というy軸が与えられると$x-y$平面の2次元を自由に移動できることになります。

つまり、仕事の**自由度が1から2に増える**ことになりますが、今までの本業というx軸上での1次元の視点から、2次元の平面を自由に動くことができるので、世界の見え方が変わってきます。

例えば、副業からヒントを得て本業に生かすことができたり、本業では得られない人脈を作ることができます。

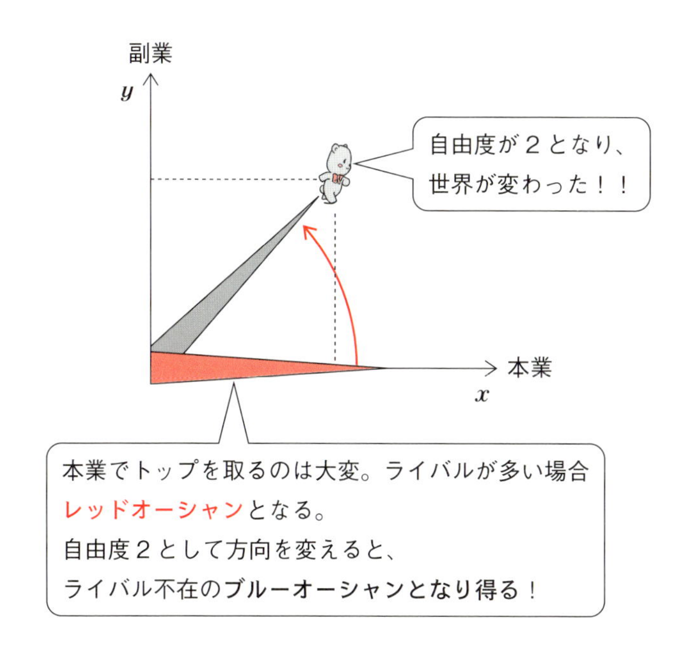

そもそも本業でライバルが多い場合、血で血を洗ういわゆる**レッドオーシャン**となるのでトップを取るのは難しいですよね？

筆者の場合

筆者もかつては、予備校講師オンリーの自由度1でした。予備校講師は、人気商売の部分があり競争が激しい世界です。毎年行う生徒のアンケートが力量や人気の指標なのですがちょっとでも気を抜くと、1年目の新人講師にさらっと追い抜かれることはざらなのです。

ですから、自由度1の同じ方向で戦うのは、精神的にも辛いものがあります。

ところが、本業と副業を組み合わせた2次元平面上に方向をシフトすることで、誰もまねのできない世界に向かうことができ、ライバル不在の**ブルーオーシャン**となり得るのです。

参考までに、筆者が予備校講師をしながら副業として銀座5丁目で2年ほど飲み屋を経営した際の経験をお話したいと思います。

銀座の飲み屋には、様々なお客様が訪れます。公務員、医者、弁護士、システムエンジニア、工事現場作業員…。

このような方々と知り合いになることで、教育現場では得られない人脈作りをすることができました。また、お客様に気持ちよく飲んでもらうために相手の心を表情やしぐさから読み取る必要がありました。この、「人の心を読み取ること」は、本業の予備校講師の仕事でも生かされました。それまで予備校では生徒に対して一方通行の講義を行っていたのですが、生徒の気持ちを考えながら授業をするように変化したのです。これはまさに、物理学の考え方である自由度を自らの働き方に当てはめた結果です。

ただし、副業を行うことで**良かった部分とは別に、マイナスの面も生まれた**ことは後ほど説明したいと思います。

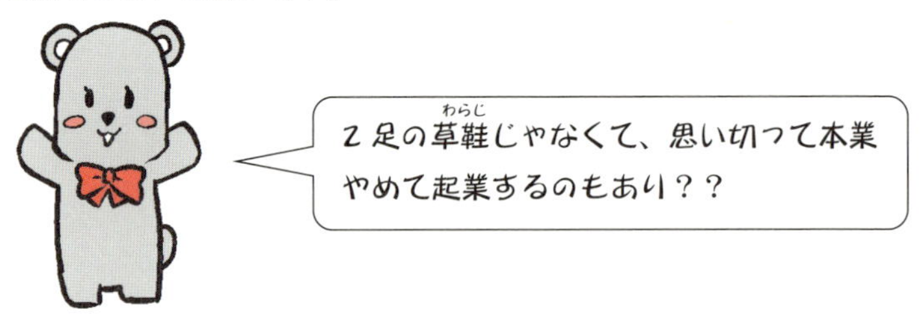

読者の皆さんの中には、思い切って勤める会社を辞めて起業するのもありじゃね？と思う方もいるかもしれませんが、あまりお勧めしません。なぜなら、**法人の生存率は極めて低い**からです。

次の表は、法人組織が設立されてから倒産するまでの期間を国税庁がデータベースにまとめたものです。

会社生存率データベース

設立からの年数	存続率（生き残りの割合）
5年	14.8%
10年	6.3%
20年	0.4%
30年	0.021%

20年後に生き残っているのは250社に1社！！

上記の表を見てわかるように、開業5年で85%の企業が倒産や休眠状態に追い込まれています。20年後は99.6%の会社が消えて、生き残るのは何と250社に1社の割合です。

なんとなく、朝起きて満員電車に乗るのが嫌だとか、職場の上下関係がうざいとか（これ、全て筆者の考えです！）後ろ向きな考えで起業すると、速攻で死を迎えます。

ですから起業を考えるならば、まず**本業と副業の自由度2から始める**ことをお勧めします。

本業と副業の自由度2の始め方（基本）

副業を行う場合、何から始めたらいいの？と思うかもしれません。万が一にでも、

「まあ、副業の収入は少ないし税金の申告はいいんじゃね？」

と思った皆さん！それは、立派な**脱税行為**です。

国家権力を舐めてはいけないのです。マイナンバー制度が始まって国民一人一人の所得は、すべて把握されています。

そこで、正々堂々と国に対して**副業を始めるぜ！！**と高らかに宣言するべきです。

その方法は、**開業届**を税務署に提出することです。参考までに何を書けば良いのかを、実際に書き込んでみました。

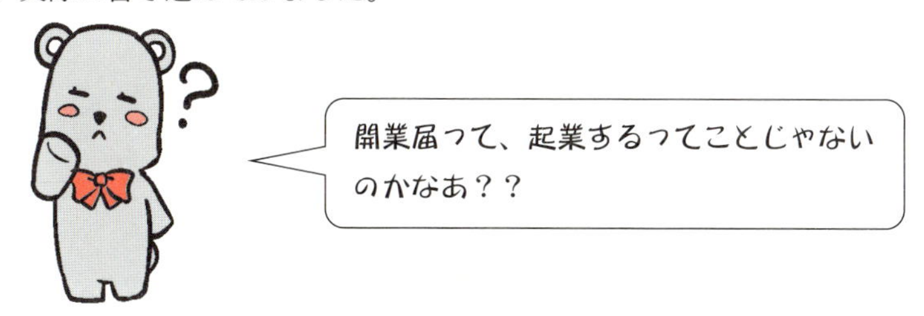

開業届を出す＝脱サラして起業と思いがちですが、そうではありません。会社に勤めながら週末だけ鯛焼きを販売したとしましょう。会社から得られる所得は**給与所得**であるのに対して、鯛焼き販売で得られる所得は**事業所得**という違う種類の所得です。

ですから、もし会社に勤めていて副業としての事業を始めるのであれば、開業届を出す必要があるのです。

開業届のサンプル（ネットからダウンロードできます）

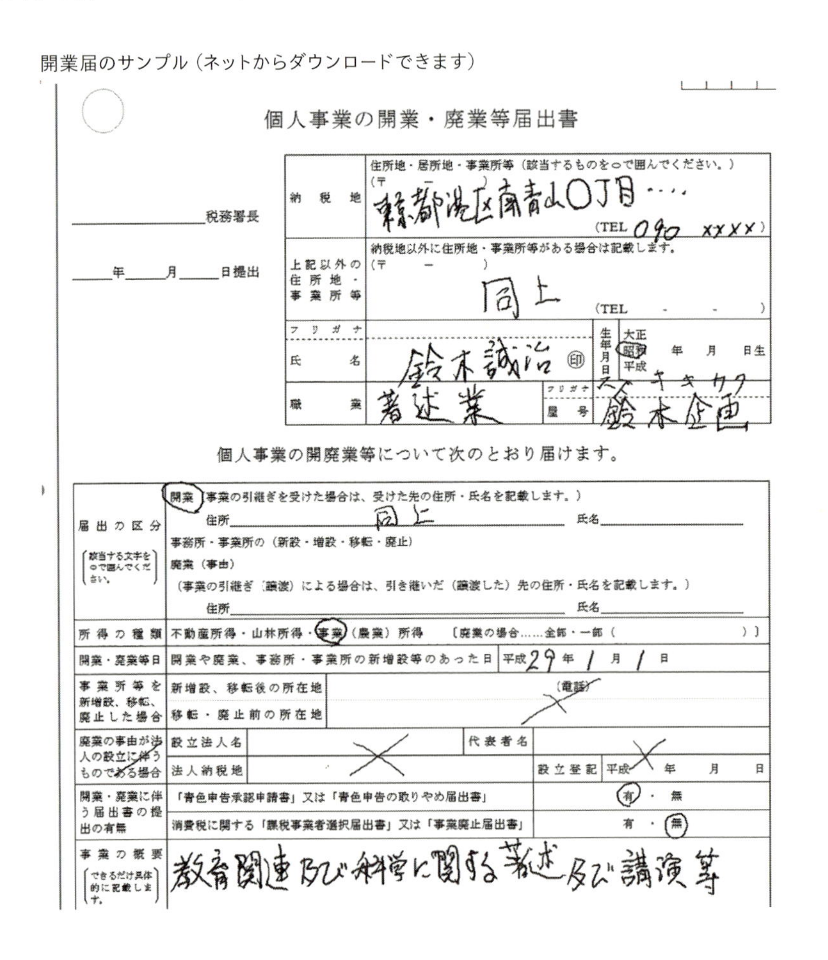

個人事業の開業・廃業等届出書

＿＿＿＿税務署長

＿＿年＿＿月＿＿日提出

納税地	住所地・居所地・事業所等（該当するものを○で囲んでください。） （〒　－　） 東京都港区南青山〇丁目‥‥ （TEL 090 XXXX）
上記以外の住所地・事業所等	納税地以外に住所地・事業所等がある場合は記載します。 （〒　－　） 同上 （TEL　-　-　）
フリガナ / 氏名	鈴木誠治 ㊞
生年月日	大正・（昭和）・平成　年　月　日生
職業	著述業
フリガナ / 屋号	スズキキカク 鈴木企画

個人事業の開廃業等について次のとおり届けます。

届出の区分（該当する文字を○で囲んでください。）	（開業）（事業の引継ぎを受けた場合は、受けた先の住所・氏名を記載します。） 住所 同上　氏名 事務所・事業所の（新設・増設・移転・廃止） 廃業（事由） （事業の引継ぎ（譲渡）による場合は、引き継いだ（譲渡した）先の住所・氏名を記載します。） 住所　氏名
所得の種類	不動産所得・山林所得・（事業）（農業）所得　〔廃業の場合……全部・一部（　）〕
開業・廃業等日	開業や廃業、事務所・事業所の新増設等のあった日　平成29年1月1日
事業所等を新増設、移転、廃止した場合	新増設、移転後の所在地　（電話） 移転・廃止前の所在地
廃業の事由が法人の設立に伴うものである場合	設立法人名　代表者名 法人納税地　設立登記　平成　年　月　日
開業・廃業に伴う届出書の提出の有無	「青色申告承認申請書」又は「青色申告の取りやめ届出書」　（有）・無 消費税に関する「課税事業者選択届出書」又は「事業廃止届出書」　有・（無）
事業の概要（できるだけ具体的に記載します。）	教育関連及び科学に関する著述及び講演等

開業届の中で気になるのは、屋号ですがこれはあってもなくてもかまわないです。

また、青色申告の欄がありますが、税金が優遇される制度なので有りに○を付けます。

開業届を税務署に提出することで、誰でも簡単に個人事業主としての一歩を踏み出すことができます。

開業後ですが、個人事業主としての取引を記帳する義務があります。つまり、日々の取引を複式簿記の形式で記帳します。

複式簿記は第3章で登場しましたよね！

複式簿記…
全く知識がなくて、面倒だなあ…

会社にお勤めならば、経理課にいない限り帳簿をつけることは一生なかったでしょう。

もし、知識がないのならば、これをきっかけに複式簿記を学ぶのは視野を広げるという意味において良いことです。

最近では、簿記の知識がなくても記帳する多くのソフトがありますのでそれを利用するのはありです。

さらに本業の給与所得と、副業の事業所得の複数の収入がある場合は、自ら税金を計算し確定申告する義務が発生します。

面倒なことと思うかもしれませんが、税金がどのように計算されるのかを知ることで納税意識も変わります。

ここまでお話しすると、次のように思うかもしれません。

「やっぱ、副業始めると帳簿を付けたり、確定申告したり、いろいろ面倒だなあ…本業一本でいいんじゃね？」

ところが、ポートフォリオの考えを利用すると、本業とは別に副業を行ったほうがリターンを増やしながらリスクを減らすことができるのです。

このことを次に証明してみましょう。

リスクとリターン

本業と副業を組み合わせると、収入が増えるだけではなくリスクを減らすことができることを**ポートフォリオ**の考えで説明します。

ポートフォリオとは、おカネを投資する際に複数の金融商品を組み合わせることを表しています。

金融商品は、債券、株式、商品先物、外貨、デリバティブなどがあります。

各商品には、**リターン**と**リスク**があります。リターンは投資金額に対する、期待できる利回りを指し示しています。

例えば、100万円を銀行の定期預金として預けて、1年後101万円に増えたとします。

この場合のリターン、つまり利回りは次のように計算できます。

リターン＝(101万円－100万円)÷100万円＝0.01＝1%

まあ、最近の低金利時代では利回り1%の定期預金にはなかなかお目にかかることはありません。

もし、100万円を株式に投資したとしましょう。1年後の株価がどのようになるのかはわかりませんが、株式の配当金と1年後の株価の上昇で得られる値上がり益の**期待値**から割り出したリターンが5%だったとします。

あなたは、定期預金と株式どちらに投資しますか？と問われたとしましょう。

これは、単純な利回りだけでは比較できないことはおわかりだと思います。

リターンとは別な判断基準に**リスク**があります。そもそもリスクと聞くと、危険なというイメージがありますが、日本語では**危機**という言葉がピッタリ当てはまると思います。

以前、予備校の同僚の国語の先生に、**危機は危険と機会から作られた漢字**であると教わりました。

株であれば**株価が下落する危険と、株価が上昇する機会**があります。

つまり、リスクが大きいと言った場合、金融商品の値動きが大きいことを表しています。

実は、リスクは第6章で登場した値動きの激しさを表す指標であるボラティリティσそのものです！

第6章のおさらいです

株の値動きの激しさを表す指標にボラティリティ（volatility）があります。ボラティリティはギリシャ文字でσ（シグマ）と表し、統計学の**標準偏差＝ばらつきの度合い**と同じです。

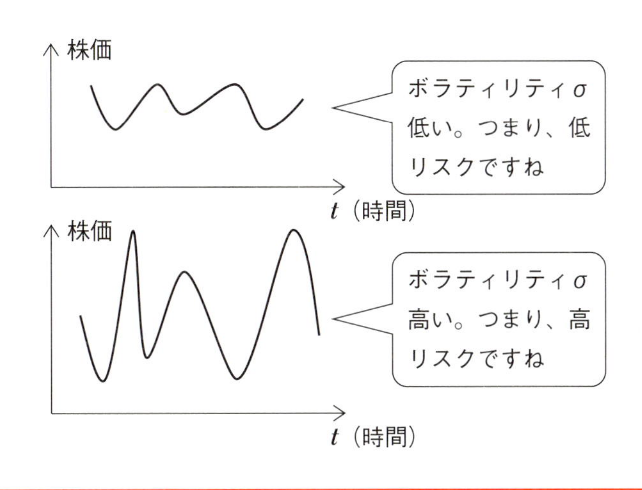

標準偏差の考え方を章の後ろにコラムとして掲載したので、ぜひ参考にしてください。

金融商品は預貯金、債券、株式、FXなど様々なものがありますが、**リターンを追い求めるとリスクが大きくなる**傾向があります。

預貯金は、リスクはほぼ0であるのに対してリターンは極めて低いですね。

債券は、リスクとリターンに幅があります。なぜなら、一口に債券と言っても日本が発行する国債、外債、社債など種類が多いからです。

日本発行の国債は預貯金と同様に、リスクはほぼ0でリターンは極めて低いのですね。

筆者の購入した債券で印象に残っているのはアメリカGM（ゼネラルモーターズ）の社債です。GM発行の社債は日本円建てで、異常なほど高金利であったことを覚えています。

社債の満期が近づいて来た際、GMの経営破たんが噂されるようになり途中売却したところ、元本の80%に下落していました（涙）。

リターンを追い求めるとリスクが高くなることを身をもって知ったのです（涙）。

株式は第6章でも示した通り債券よりはるかにリスキーですが、最も怖いのは外国為替証拠金取引、いわゆるFXです。

FXには、倍率というものがあり、例えば100倍ならば10万円の元手を証拠金として100倍の1000万円を外貨に投資することができます。つまり、**レバレッジ効果**があります。例えば、米ドルを購入した場合、ドル高円安になると儲けが出るのですが、ドル安になるとあっという間に証拠金の10万円が溶けてなくなります。

筆者もFXで思い出したくないほど証拠金を溶かした経験があります（涙）。

以上の**筆者の痛みを伴う経験を基**に、金融商品のリスクσとリターンrの関係を表したのが次のグラフです。

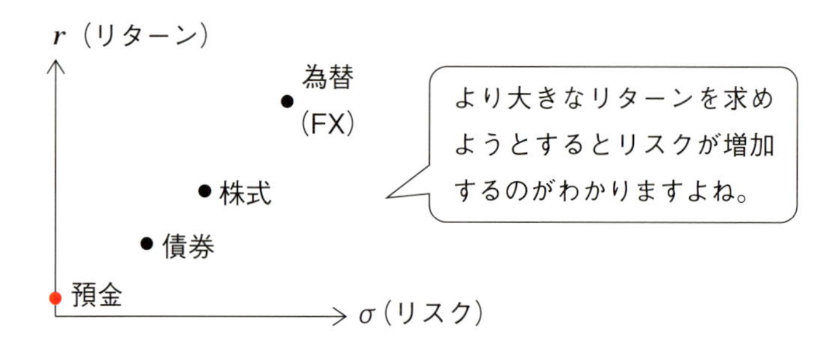

ポートフォリオ

ここで、**ポートフォリオ**を考えます。ポートフォリオとは複数の金融商品を組み合わせたものです。

次のような2つの金融商品を組み合わせて購入する場合、どのような配分で投資するのが良いのかを考えます。

まず、次の表のような2つの金融商品A、Bに分散投資することを考えます。

金融商品	リターン（＝利回り）	リスク（＝標準偏差）	投資割合（トータル＝1）
A	r_A	σ_A	w
B	r_B	σ_B	$1-w$

金融商品Aのリターンr_A、リスクσ_Aは金融商品Bのリターンr_B、リスクσ_Bより大きいとしAとBの相関関係は、なし（＝0）とします。

相関関係は、互いの値動きに関係があるかないかを表しています。

例えば、牛丼の吉野家と松屋の株価の値動きは、為替変動によって牛肉の調達価格に影響が生じ、一方が動くと他方も似たような動きをするので、相関関係があります。

これに対し吉野家の株価と、貴金属の金の先物価格の値動きは関連性がないでしょう。つまり相関関係は0です。

金融商品A、Bに投資するトータルの金額を1とします。金融商品Aにトータル1の中からwの割合で投資すると、残りの$1-w$を金融商品Bに投資することになります。

↓↓ここからちょっと退屈な計算が続くので読み飛ばしできます↓↓

すると、リターンの合計rは次のように計算できます。

$$\text{リターンの合計}\, r = w \times r_A + (1-w) \times r_B \cdots ①$$

一方、リスクの合計はちょっとややこしい計算となります。AとBの相関関係によってリスクは変わりますが、ここでは、相関関係を表す係数は0とします。

この場合、リスクの2乗＝標準偏差σ^2（分散）は次のように計算できます。

$$\text{分散}\, \sigma^2 = w^2 \times {\sigma_A}^2 + (1-w)^2 \times {\sigma_B}^2 \cdots ②$$

①、②からwを消去し、分散σ^2とリターンの関係を求めます。

まず①からwを求めます。

$w = \dfrac{r - r_B}{r_A - r_B}$、これを、②に代入すると次のように計算できます。

$$\sigma^2 = \frac{({\sigma_A}^2 + {\sigma_B}^2)r^2 - 2({\sigma_A}^2 r_B + {\sigma_B}^2 r_A)r + {\sigma_A}^2 {r_B}^2 + {\sigma_B}^2 {r_A}^2}{(r_A - r_B)^2}$$

一見すると、複雑に見えるのですがrをx、σ^2をyと置くと、次のような形であることがわかります。

$$y = ax^2 - bx + c$$

この式をグラフ化すると、次のような放物線となります。

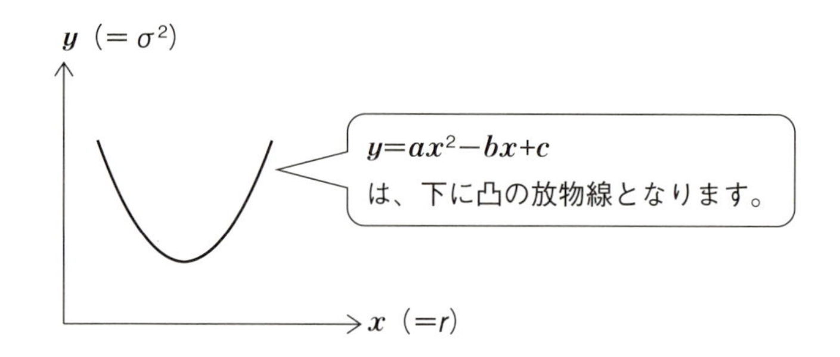

↑↑ここまで読み飛ばし可能↑↑

以上の考えを基に、縦軸リターンr、横軸リスクσのグラフを書くと次のようになります。

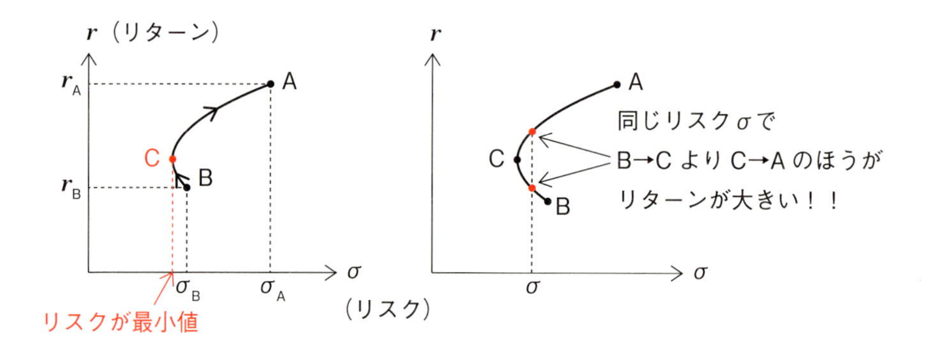

100% Bに投資する状態からスタートして、Aに投資する割合wを増加させると図の矢印の方向に、左に凸の曲線上を移動します。すると、Bからだんだんリスクσが減少し、点Cでリスクが最小値となっています。

投資の**リスクを最小値にしたいのであれば、点Cが最善解**となります。また上右図のように同じリスクσで比較すると、B→CよりC→Aの方がリターンが大きいですよね。

多少リスクを許容しながら、リターンを取るのであればC→Aの範囲に投資すべき解が存在することになるわけです。

以上のことから、リスクを減らすには複数の金融商品のポートフォリオを組み合わせることが重要であることがわかります。

卵は1つのカゴに盛るな

投資の格言に次のようなものがあります。

「卵はひとつのかごに盛るな」

1つのカゴにまとめると

すべてが割れてしまいます

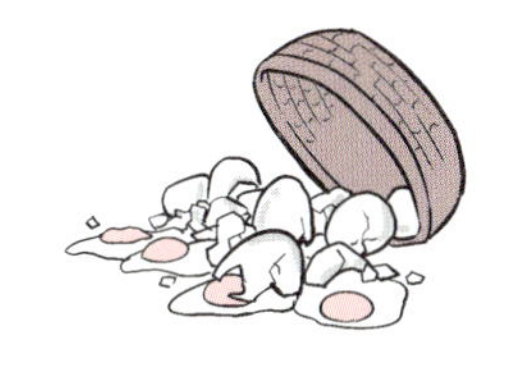

いくつかのカゴに分けると

すべてが割れることはありません

つまり、1つの金融商品に全財産を投入すると、カゴを落とした時に全部の卵が割れてはまずいです。分散投資したほうがリスクが減らせますよ、ということを言い表しています。

これまで、金融商品のポートフォリオの話でしたが、これと全く同じ発想で本業と副業の組み合わせである自由度2の戦略が有効であることを、次に説明したいと思います。

自由度2のポートフォリオ

さて、ここからは本業と副業を組み合わせた自由度2の戦略が正しいのかどうかをポートフォリオの考えでご説明します。

手始めに本業と比べて、リスク、リターンが低い副業を組み合わせるのが良いのか、あるいは逆にリスク、リターンが高い副業が良いかを金融商品のポートフォリオの考え方と同じアナロジーで考えます。

金融商品の投資によって利益を得ることと、自らの時間の投資によって労働に対する対価を得ることは根本的に同じと考えます。

金融商品を仕事に置き換えたのが次の表です。

金融商品を仕事に置き換えると…

金融商品		仕事（本業、副業）
投資金額	⇒	労働時間
リターン	⇒	時給
リスク	⇒	時給の振れ幅、リストラ等の危険度

ちなみに、筆者の関わってきた予備校講師はバブル経済の際はリターン、リスク共に高かったのですが、年を追うごとにリスクは高いままリターンは単調に減少してきたのです。

これに対し、公務員のような安定した仕事であれば、時給の変動は極めて低いので、リスクσはほぼ0に近いと考えて良いでしょう。

では、ここでどのような副業をするのが最善なのかを考えます。仮に本業Bより低リスク、低リターンでかつ本業との相関関係がない副業Dを行う場合を考えます。

すると、リスクとリターンの関係はポートフォリオの考えと同じように次のグラフのようになります。

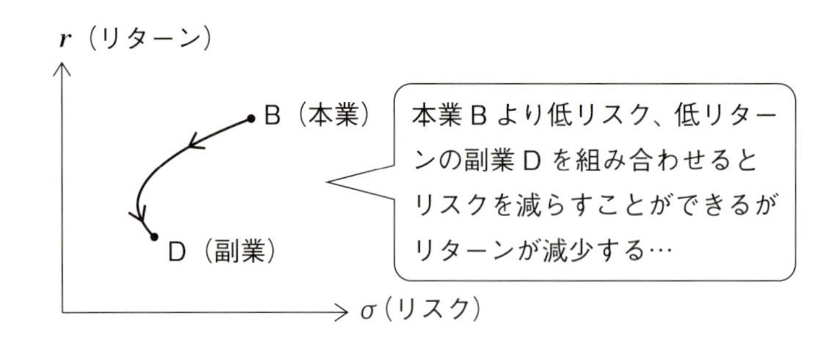

図を見てわかるように、リスク、リターンの低い副業Dの割合wを増やすとリスクは減少するも、リターンは確実に減少します。

現状よりリターンが減少するこの戦略はあまり、得策とは言えないでしょう。

よって**取りうるべき戦略は、本業よりリスクとリターンが大きい副業との組み合わせ**です。

OLしながら水商売は有効な戦略

まず、次の仮説を与えたいと思います。

スズキの仮説

本業に比べて**リスクとリターンの高い副業**を行う自由度2は、リスクを減らしながらリターンを増やすことができる。

次の図のように、本業Bより高リスク、高リターンでかつ本業との相関関係がない副業Aを行う場合を考えます。例えば、**OLしながら、副業で水商売を始める**ような話です。

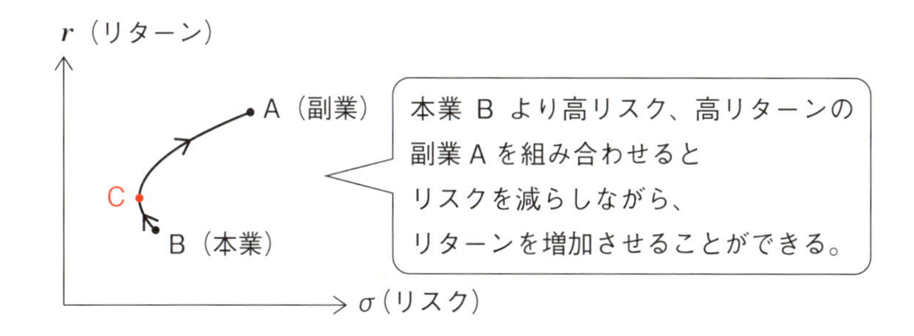

本業Bに係わる時間を減らしながら副業Aの割合を増加させると、リスクσを減らしながらリターンrを増加させることができるのがわかります。

ポートフォリオの考えと同様に、リスクを最小値にするには点Cが最善解となることがわかりますね。

まさに、スズキの仮説「**本業に比べてリスクとリターンの高い副業を行う自由度2で、本業のリスクを減らすことができる**」が正しいことを示すことができたのです。

ただし、ここまでの話は、机上の空論になりかねません。

物理学では、実験を行うことによって理論があっているかを検証できるのでしたよね？

そんなわけで、筆者は自らを実験台として予備校講師をしながら水商売に手を出してしまったのです。

もちろん、前述のように人脈が拡がったり、収入も増えるなどの**＋（プラス）の面**がありました。

しかし、一方で**－（マイナス）の面**もあったことを実験結果としてお伝えしなければなりません。

当時起こったことを正直に言いますと、講義が終了後、生徒の質問を振り切って速攻で銀座の店に向かう日々でした。

つまり、質問を受け付ける時間を副業に当てたわけで、最低の教育者です。

さらに、店の閉店後に後片付けをして、六本木の自宅に戻るのが午前2時。結果的に、睡眠時間を削ることになり1日の睡眠時間が平均3時間となりました。

リスク、リターングラフで捉えると、リスクが最小値となるCを超えて副業Aにどんどんシフトしていったわけです。

この結果、リターンは驚くほど増えたのですが本業である予備校講師としての評価はどんどん落ちていきました。よく考えると、すでに本業と副業が逆転していたのです。

この実験を通して、筆者のような意志の弱い人間は本業と副業のバランスをコントロールすることが極めて難しいことがわかりました。

やはり、副業のウェイトは少しずつ増やして、リスクが最小値となったと感じたらそこで副業の割合をストップさせるべきです。

自由度3以上の人生

本業のx軸、副業のy軸とは別に、体力が衰えても脳みそだけで収益が得られるz軸を加えて自由度3の人生を作ることができます。

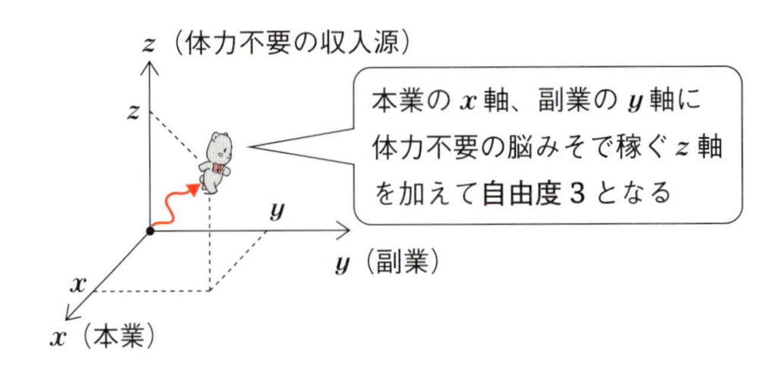

筆者の現状をお話しすると、本業のx軸は予備校講師、y軸は執筆活動、開業コンサルティング、ブラックジャックインストラクター等ですが、z軸は、不動産投資、エンジェル投資などです。

不動産投資については、次の章で詳しくご説明します。リストラやリタイアで本業のx軸が失われても、$y-z$平面で動き回って収益を上げることができます。

今後は自由度1から自由度3以上の生き方が、普通になってくると筆者は考えます。

コラム　平均、分散、標準偏差とは？

生徒数3人の寂しいクラスで数学と物理のテストを行った結果、次のようになったとします。

	数学	偏差（点数－平均）	物理	偏差（点数－平均）
Aさん	47	47－50＝－3	20	20－50＝－30
Bさん	50	50－50＝0	50	50－50＝0
Cさん	53	53－50＝3	80	80－50＝30
平均点	50	偏差の平均＝0	50	偏差の平均＝0

数学、物理ともに平均点は50点ですが、ちらばり具合に違いがありますね。そこでまず、偏差に注目します。偏差とは、点数－平均点です。

偏差の平均は、数学、物理ともに0になっちゃいます。そこで偏差の2乗をすると、すべて正（＋）の値となりますね。この偏差の2乗の平均値を分散と言います。

	(数学の偏差)^2	(物理の偏差)^2
Aさん	$(-3)^2=9$	$(-30)^2=900$
Bさん	$0^2=0$	$0^2=0$
Cさん	$3^2=9$	$(30)^2=900$
分散＝(偏差)^{2}の平均	$(9+0+9)\div3=6$	$(900+900)\div3=600$
標準偏差$\sigma=\sqrt{分散}$	$\sqrt{6}=2.44$	$\sqrt{600}=24.4$

分散を比較すると、数学が6で物理が600となっています。この結果より、物理のほうが数学より点数のバラツキが大きいことがわかります。ただし分散の単位は6**点**^{2}、600**点**^{2}となってしまいます。できれば、ばらつきの単位は**点**にしたいですよね。そこで分散の$\sqrt{\ }$をとると単位は**点**となります。

この分散の$\sqrt{\ }$が標準偏差です。標準偏差は、ギリシャ文字でσ（シグマ）と表し、ばらつきを表す値なのです！

コラム　断熱材（その2）（6章コラムの続き）

熱の伝わり方には伝導、対流、輻射（放射）があります。フライパンを熱すると、熱が金属を伝わって取っ手が熱くなる現象が**伝導**です。

風呂を沸かすと温められた水は上に、冷たい水は下に向かうので熱の流れが生まれます。その現象が**対流**です。

輻射（放射）は焼き芋を例に挙げましょう。石を高温になるまで熱すると電磁波の一種である赤外線が放出されます。この赤外線が芋に当たると、芋のデンプン分子が振動し熱せられます。この熱の伝わり方が**輻射**（**放射**）です。

夏の日差しがRCの建物に当たる場合を考えます。外断熱の場合、日光は断熱材に当たるのでコンクリートに輻射熱はほとんど伝わりません。

ところが内断熱の場合、日光が直接コンクリートに当たるので輻射熱によって温度が上がります。

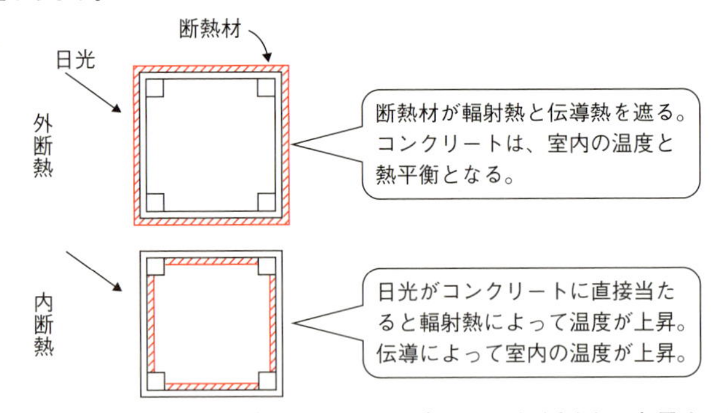

この結果、コンクリートは外気温をはるかに上回る70℃近くまで上昇する場合があります。

コンクリートは熱を伝えやすいので**伝導**によって内部まで熱が伝わります。もちろん、断熱材に熱を遮られるはずですが、断熱材がない柱などから熱が伝わり室内が温められるのです。

温められた室内の温度を下げるために、エアコンで内部の熱を外に放出するというとても無駄な熱の流れがあることがわかります。

（続く）

第9章

物理現象と不動産投資のアナロジーを考える

今回は、まず原子力発電で起きている核反応である連鎖反応に注目します。

さらに連鎖反応の一種である**高速増殖炉**の発想を、アナロジー的思考力で不動産投資に生かす手順を説明したいと思います。

核反応

連鎖反応

石炭や石油の燃焼によって生まれるエネルギーは、物質が酸素と結びつく化学反応による化学的エネルギーです。

これに対し、原子力発電所や原子爆弾は単純に物質を燃やしてエネルギーが生まれるのではないのです。

次の核反応は、原子力発電所で行われている核反応の一例を表しています。

U（ウラン235）+n（中性子）→Ba（バリウム）+Kr（クリプトン）+3n

上記の核反応はウラン235に中性子を当て、バリウム、クリプトンの2つに核が分裂し、3個の中性子が飛び出しています。

ちなみに235という数字は質量数と呼ばれ、原子核内にある陽子と中性子の個数の合計です。

上記の反応では、3個の中性子が発生しています。もしすぐそばに3個のウランUがあり、核分裂で生まれた中性子が当たれば同じ反応が起きます。

これが繰り返されると核分裂反応が 3、9、27、81…と、1回の反応が引き金となって**ねずみ算的に反応が繰り返される**のです。これを連鎖反応と言います。

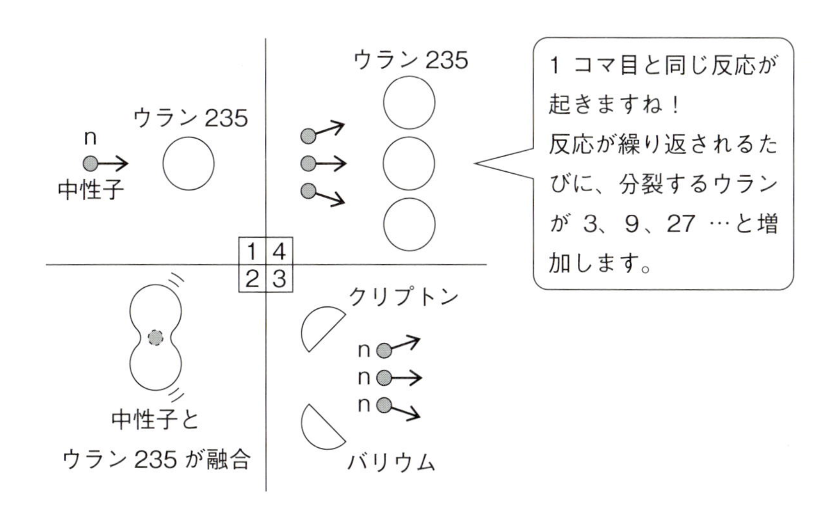

質量とエネルギー

化学反応では、反応前と反応後を比較した場合、質量は変わりません。これを化学反応における**質量保存の法則**と言います。

ところが、ウラン235の核反応では、**反応前に比べ反応後の質量はわずかに減る**のです。

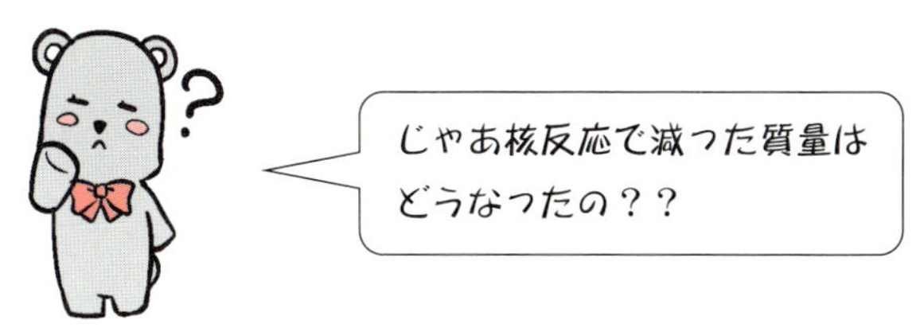

ここでまたまた、アインシュタイン博士が登場です。博士は相対性理論で**質量 m〔kg〕がエネルギー E〔J〕を生み出す**という、常識では考えられない事実を導いたのです。

質量とエネルギーは光の速度 $c=3\times10^8$〔m/s〕を用いて、次の関係で結ばれます。

これは、**世界を変えた式**と言っても良いでしょう。

エネルギー：E〔J〕$= m$〔kg〕$\times c^2$

$E=mc^2$で、比例定数c^2が9×10^{16}というとてつもなく大きな数字ですね。

つまり、核反応で失われた質量m〔kg〕がわずかでも、生まれたエネルギーE〔J〕は莫大であることがわかります。

ウラン235、1gが**連鎖反応**によって全て核分裂をしたならば、石油2000ℓに相当するエネルギーが生まれます。

つまり、**核反応で生まれるエネルギーは、化学反応に比べて圧倒的に大きい**ことがわかります。

核反対！と言うのは簡単なのですが、資源が乏しい日本にとってはなかなか魅力的な燃料です。

ちなみに、天然のウラン鉱石のうち99%以上がウラン238です。核の燃料であるウラン235が含まれる割合は約0.7%しかありません。ウラン235は連鎖反応をしてエネルギーを生み出す**燃える核**なのですが、**ウラン238は全然役に立たない燃えない核**です。

そこで、燃えないウラン238を燃える原子核に変える方法が考えられたのです。それは、**高速増殖炉**です。高速増殖炉ではまず、**プルトニウム239**の周りに燃えないウラン238を置きます。

プルトニウム239に中性子を打ちこむと、ウラン235と同様に、核分裂を起こし中性子が2～3個飛び出します。

飛び出した中性子の1つがプルトニウム239に当たると連鎖反応が起きますが、残りの中性子がウラン238に当たるとプルトニウム239が生まれます。

メモ

正確には、ウラン238に中性子を打ち込むと、質量数が1増えてウラン239になり、ウラン239が二度のβ崩壊（原子核から電子が飛び出す現象。236ページ参照）を経てプルトニウム239が生まれます。

つまり、プルトニウムを消費しながら、プルトニウムを新たに生み出すので

『**増殖**』という名前が付いています。

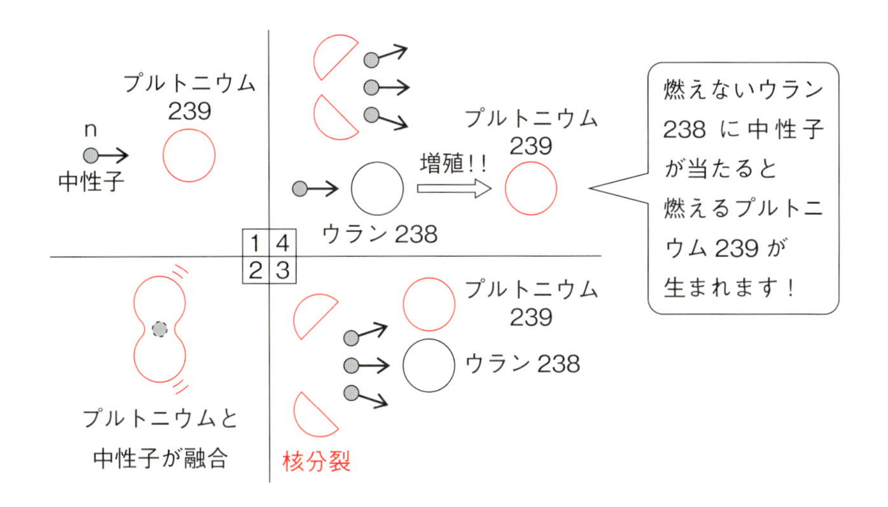

資源が不足している日本では、夢のような技術ですね！ただし、ウラン235に比べ、プルトニウム239は制御がとても難しいのです。

メモ

日本では福井県敦賀市に高速増殖原型炉「もんじゅ」が1983年に着工され、91年に完成しました。

しかし、95年に冷却素材のナトリウム漏れの事故が起きて運転停止となっています。15年ぶりに運転を再開した2010年には、核燃料の交換装置が原子炉容器内に落下し、再び停止しています。

それまでもんじゅには**1兆円**以上の税金が投入されたのですが、最終的に2016年に廃炉が決まりました。

さて、ここまでは原子力の話だったのですが、ここから**不動産投資**の話となります。

もんじゅで達成できなかったプルトニウム239から新しいプルトニウムを生み出すという増殖の考え方を不動産投資に応用することができないか、と筆者は考えました。これは、第2章で登場した**アナロジー的思考法**です。

物理的思考法（その3）　アナロジー的思考法のおさらい

1. **未解決の問題があった場合、似たような解決済みの問題を探す**
   →不動産投資の物件数を高速増殖炉のように増殖できないか？
2. **解決済みの問題に照らし合わせて、未解決の問題を検証、実験を行う**
   →投資不動産から得られる家賃を次の不動産投資に回す
3. **解決済みの問題と比較して検証、実験の妥当性を評価する**
   →投資用不動産が本当に増殖するのか？

つまり不動産を購入し、家賃収入を得てその収益を次の不動産に投入するという**連鎖反応**の実験を行ったのです。

連鎖反応では、等比級数的に反応が増大しますが、不動産投資でも資産を増加させるのに必要な複利の力を次に説明します。

複利の力

真偽のほどはわかりませんが、質量とエネルギーの等価関係を導いたアインシュタイン博士の言葉に次のようなものがあるそうです。

The most powerful force in the universe is compound interest.
（宇宙の中で最も強力な力は複利です）

真偽のほどはわからないと断ったのは、上記の情報はネットに溢れているのですが、引用文献がどこにも見当たらないのです。

なぜ、そのような話が出回っているの？？

これは、あくまでも筆者の想像ですが…。

博士の考えた一般相対性理論を解くと、宇宙が膨張することが導きだされたのです。アインシュタイン博士は宇宙が膨張することはあり得ないとして、相対論に宇宙項（宇宙定数）と呼ばれるものを導入しました。

ところが、ハッブルという天文学者が恒星から届く光の観測によって宇宙が加速度的に膨張していることを突き止めたのです。つまり、宇宙項の導入はミスだったわけでアインシュタイン博士は「**人生最大の過ち**」と語っています。宇宙が膨張している事実を指して、アインシュタイン博士が驚異的な発見であると語ったのでしょう。

この宇宙の膨張が複利で元本が膨れ上がるに曲解されて、（**最も強力な力は複利です**）に勝手に解釈されたのではないかと筆者は推測しています。

しかしながら、宇宙が加速度的に膨張することと、複利の力によって資産が急激に増加することには**アナロジー（類似性）**があると考えることができます。

そもそも**複利**とは、**元金（がんきん）によって生じた利子を次期の元金に組み入れる方式**です。

例えば100万円を年利10％で運用すると、1年後には利子10万円と元金100万円の合計が110万円となります。

この110万円を再び年利10％で複利で運用すると121万円となります。

この調子で30年運用すると、約1,745万円に膨れ上がります。ですから、**資産運用には常に利回りを頭におく**必要があります。

複利で運用する場合、便利な法則があります。それは**72の法則**です。

この法則は、**複利計算で元本を2倍にするのに要する年数**を計算する方法です。

72の法則

複利計算で元本を2倍にするのに要する年数＝72÷利回り

上記はあくまでも**近似計算**であることをお断りします。

例えば、年利2％で複利運用するならば、72÷2＝36年となるので、元本を2倍にするのに必要な年数は36年となります。

日本の銀行の定期預金は、2017年3月現在のある都市銀行の1年定期で0.01％です。

この場合、72÷0.01＝7200年となります。日本で7200年前は縄文時代ですから、元本を2倍にするには想像を絶する時間が掛かることがわかります。

そもそも、日本の銀行預金で自己の資本を増加させるにはあまりにも時間が掛かりすぎます。

もっと、高速に資本の増加を生み出すことはできないだろうか？と筆者は考えました。

株式やオプションなどの様々な投資経験を経て、不動産投資に目を付けたのです。

利回りの高い不動産に資金を投入して、得られる家賃収入を次の不動産の買い付けに当てるだけではなく、ボロい不動産にコンバージョンやリフォームを施すことで、資産価値を上げて収益を上げる方向にすることは可能なのか？

今、振り返ると頭のどこかに高速増殖炉の思考回路があって、この回路が不動産投資に生かされたのかもしれません。

仮に、不動産投資で実質利回りを10%で運用できれば、72の法則より、72÷10＝7.2年となり、7年ちょいで投資金額と同額の家賃が回収できるわけです。

注　表面利回りと実質利回り

不動産の価格が1000万円で、不動産から得られる年間家賃が120万円とします。表面利回りは、単純に不動産価格に対する家賃の割合を表し、次のように計算できます。

$$★表面利回り=\frac{家賃}{不動産価格}\times 100=\frac{120万円}{1000万円}\times 100=12\%$$

これに対して、得られる家賃から火災保険、固定資産税、管理費等の費用を差し引いた純利益を不動産価格で割り算したのが実質利回りです。例えば、費用の合計が年間20万円掛かったとします。

$$★実質利回り=\frac{家賃-費用}{不動産価格}\times 100$$

$$=\frac{120万円-20万円}{1000万円}\times 100=10\%$$

高利回りで運用すれば資産が増えると口で言うのは簡単ですが、果たして不動産投資で高利回りで運用し本当に**ウハウハ**になるのか？

そもそも、**物理では、仮説を立ててその仮説が正しいかどうかは検証実験を行ってみるしかないですよね？**

後ほど、筆者の行った不動産投資の実験を提示します。不動産を購入すると聞くと、日本人感覚として自宅の購入をすぐに思い浮かべるかもしれません。しかし、自宅の購入でもリスクを伴った投資であることをご理解頂きたいのです。

これは、不動産を現金で購入しようが、ローンを組んで購入しようが、不動産投資には大きなリスクを伴うことを筆者の経験を交えながらご説明します。

持ち家と賃貸どちらが得か？

まずはっきりさせておきたいのは、自宅を買うことと、投資用不動産を買うことはどちらも不動産を買うことに変わりはなく、どちらも投資であるという事実です。

例として首都圏に新築マンションの一室を3,600万円で購入したとします。この不動産を利用する方法は、次の2つの選択肢があります（転売するという選択もありますが、特殊なケースなので無視します）。

不動産を購入した場合の選択肢
①　他人に貸す
②　自分で住む

購入不動産の選択肢

①の自宅を他人に貸した結果、月家賃15万円の収益が上がったとしましょう。

年間の家賃は15万円×12か月＝180万円ですから、表面利回りは、次のように計算できます。

$$表面利回り＝\frac{180万円}{3600万円}\times 100＝5\%$$

実際には火災保険料や固定資産税を払う必要があり、これを考慮したのが実質的な利回りですね。もちろん、実質利回りは5%未満となります。次の表をご覧ください。

		①不動産を他人に貸す場合	②不動産に自分で住む場合
③	得られる家賃（月額）	150,000円	0円
④	購入不動産と同程度物件に自分が払う家賃	150,000円	0円

①の場合、**得られる家賃**③は15万円ですが、自分が住む不動産が必要になります。もし、**自分が購入した物件と同程度の物件に住んだ場合、支払う家賃**④は③と同額の15万円ですから収支は0円となります。

これに対し、②の場合、得られる家賃③は0円、支払う家賃④も0円ですから、収支は0円です。

つまり、①も②も収支に違いはありません。

ところがです。**②の自分で住んじゃった場合は、収支0円は変えることができませんが、①の購入不動産を人に貸して、自分は別の不動産に住むという考えは、工夫の余地があります**よね？

例えば、得られる家賃は15万円で、自分が住むのはワンルームマンションで月家賃7万円で良いんじゃね？って選択をすると、8万円の**利ザヤ**が得られます。

さらに、**不動産を購入する場所によって利回りが異なる**ので、より**利回りが高い地域に不動産を購入して、利回りの低い首都圏は賃貸で住む**って選択肢もあるはずです。

例えば、地方都市で表面利回り10%の物件を購入したとしましょう。1800万円の物件を購入すれば、先ほどの首都圏物件で得られる月家賃15万円、年間家賃180万円を得ることができます。

この家賃180万円を首都圏で暮らすための家賃に投入すると、結果的に3600万円の価値を持つ自宅を半額の1800万円で購入した場合と同じ効果が得られますよね？

読者の皆さんは、次の議論を耳にしたことがありませんか？

『持ち家と賃貸はどちらが得か？』

首都圏に住む場合に限って言うならば、上記の議論に対する答えは次のような仮説が最善解と考えています。

なお、**首都圏の不動産利回り<地方都市の不動産利回り**を前提条件とします。

スズキの仮説

①利回りの高い地方都市に投資用不動産を購入し、家賃を得る

②利回りの低い首都圏は賃貸物件を借りて、①の利益で支払うのが最善解

上記の仮説が正しければ、**利回りの高い場所で不動産を買って、利回りの低い場所で不動産を借りる**が正解ですね。

スズキの仮説が本当にあっているのかどうかはお楽しみに…。

レバレッジ効果

先ほどの例として3600万円のマンションですが、キャッシュで一括で購入する人は少ないでしょう。たいていは、頭金を入れて、残りは住宅ローンとして、銀行などから借り入れするでしょう。

例えば、頭金600万円で残り3000万円を借り入れしたとします。これは、第6章で登場した**信用取引**と全く同じです。

信用取引の場合、預け入れた証拠金が600万円ならば、その3倍の1800万円まで取り引きできます。

頭金600万円で残り3000万円を借りて3600万円の物件を購入すると、レバレッジが6倍となるので、株の信用取引のレバレッジ3倍と比較するととんでもなく**リスキーな取引**です。

そもそも不動産は、**人生で最も高い買い物**なので失敗できないですよね？

このレバレッジを利用した住宅の購入が、どれほど恐ろしいか身をもってわかっている人間がいます。

もう、お気付きだと思いますが**人生そのものを実験台と考える筆者**です。

筆者は平成3年の不動産価格が下がり始めたところを見計らって、これがチャンスと思って6000万円の狭い1戸建てを購入しました。

今振り返ると、この**不動産価格が下がり始めたのはチャンスではなく、バブルの崩壊の始まり**だったのです（**バカだなオレ…**）。

頭金は何とかかき集めた1000万円を用意し、残りの5000万円は銀行から借り入れです。

当時、まだ27歳だった筆者に対して銀行はろくに審査もせず、あっさり5000万円を貸し付けました。借り入れ金利は7.8％で毎月35万円ずつ支払ったのですが、返済当初は、ほとんど利払いでなかなか元金が減りません。自宅を購入した直後から、皆さんご存知の通り不動産価格は急落し、まさに**バブルが崩壊**し始めたのです。次の図は、購入時と5年後のBS（貸借対照表）を表しています。

第3章で学んだように、**借方（左）に資産、貸方（右）に負債＋純資産**でしたよね！

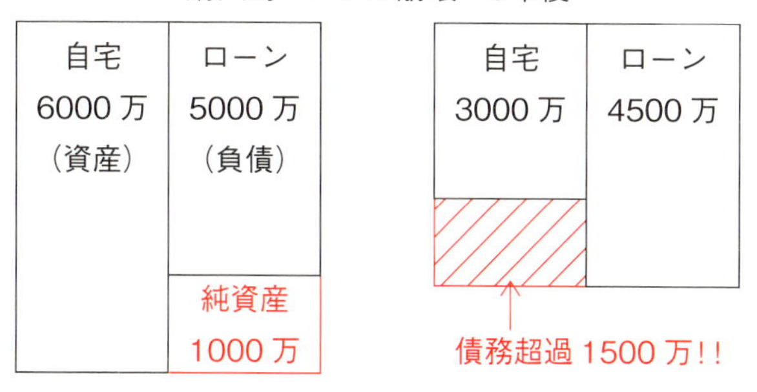

5年後は、自宅の価格が購入時の約半値の3000万円になっており、残債は4500万円で1500万円の**債務超過**となっています。企業の決算報告書と比較しても、**破綻懸念**ありの状態です。

つまり、恥を忍んで言いますが**自宅を購入するという不動産投資は大失敗**だったのです！

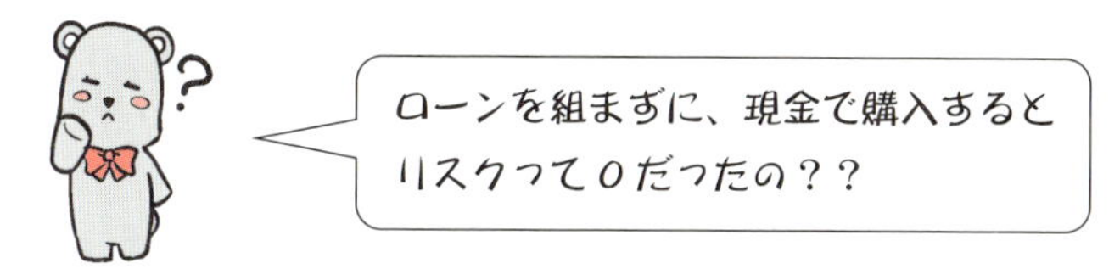

もし、ローンを組まずに現金で不動産を購入しても資産が6000万円から3000万円に減るわけですから、結局のところ投資は失敗でした。

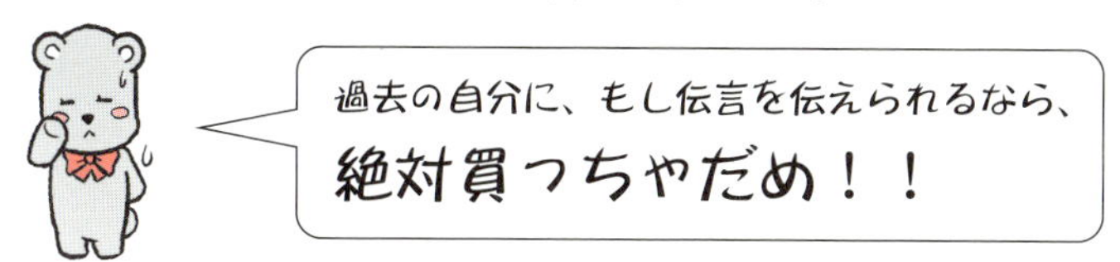

この話は、おまけがありましてローンを完済後、離婚して自宅を奥さんに渡しました。

自宅を失った筆者は、急きょ都内に法人名義で事務所を借り、そこに住むことになりましたが税理士に次のように言われました。

『鈴木さん、今住所不定の状態ですね…』

いやはや、一体何のための投資だったのか…。

筆者の経験（離婚の部分じゃないです）を通じて、自宅を購入することは投資であり常にリスクがあることをご理解頂けたでしょうか。

札幌で不動産投資を始める

筆者が、自宅購入という大失敗に懲りずに本格的に不動産投資を始めたのが2005年（平成17年）です。前章でも話しましたが、2005年はバブルが崩壊し、それと共に予備校の生徒数も激減していた頃です。当時は毎週、札幌の校舎に出校していました。たまたま、地元の新聞広告の不動産価格を見たのですが、東京に比べて驚くほど安かったのです。

例えば、平成元年築のまさにバブルの時代に建てられて、分譲時に2800万円のマンションの一室が400万円程度で売られているのです。この不動産価格の下落を目の当たりにして筆者は、物理で登場する基本的な運動を思い出しました。

次の図のように、ばねに物体を取り付けて速度を与えると上下に振動しますが、この運動を単振動と言います。

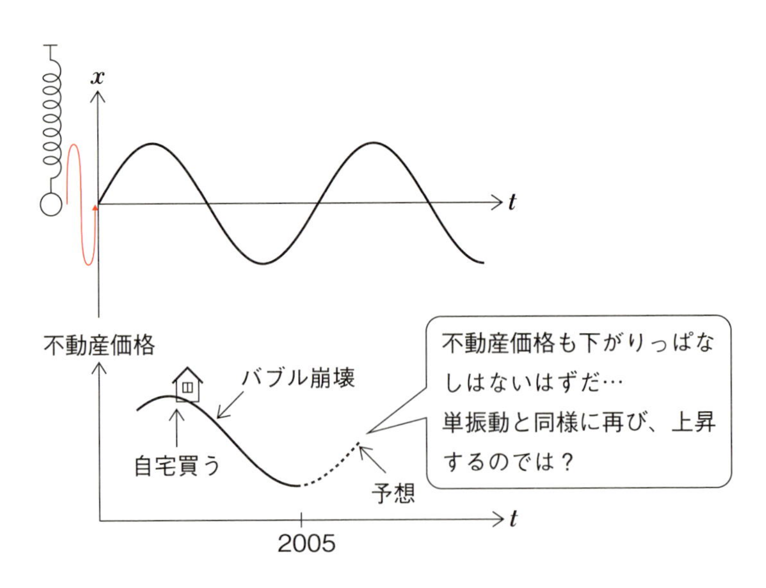

不動産価格も下がりっぱなしはないだろう。ある程度、下がった不動産価格はきっと単振動と同様に上昇する可能性があると考えたのです。

『これは、もしかすると単振動の下がりきった状態かもしれない。不動産投資のチ

ャンスかも…』

と、安易な気持ちで投資用不動産を探し始めました。

ここからのお話しですが、多くの不動産投資本にみられるように、

『いやあ、1件目から成功してウハウハっすよ！』

と言いたいのですが、出だしからつまずいています。

まず、探す対象は**駅近くの物件、利回りを追及**という単純な考えでした。その結果、札幌駅徒歩1分のオフィス向けビルの1室を530万円で購入したのです。

ビル最上階の10階にある、32㎡の1980年築の部屋です。部屋のクロス（壁紙）は、汚れておりすぐに貼り替えが必要だったのですが、クロスの見本を部屋に置き、次のような募集をかけました。

◎管理人常駐です
◎お好きなクロスをお貼りします！

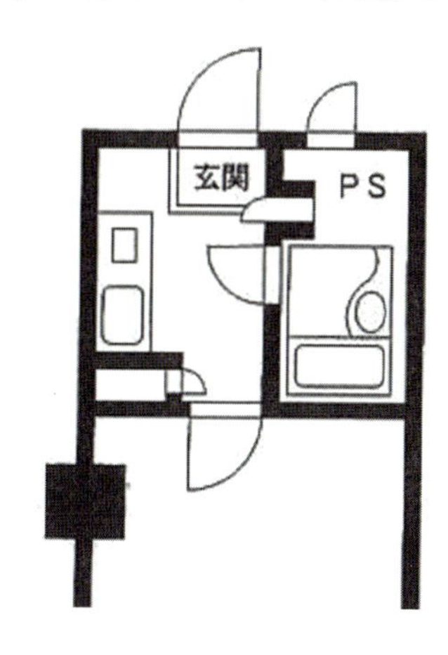

物件種目	貸事務所	
最寄駅	札　　幌	
賃貸条件	賃料	72,000円
	敷金2カ月・礼金1カ月	
物件所在地	札幌市北区北7条	
交通	地下鉄南北線札幌駅徒歩2分	
建物	建物名	
	構造・規模	RC造10階建10階部分
	使用部分面積	31.28㎡(9.46坪)

周りの相場から考えて賃料月額72,000円＋管理費10,500円の合計82,500円としました。年間家賃990,000円から計算すると、表面利回り18%、実質利回りは15%の利回り追及型となります。

ところが……広告を出してしばらく待ったのですが、全然反応がないのです。空室のままだと、機会費用が増える一方ですよね。そこで家賃を65,000円まで下げたところ、募集開始から3か月後に都内の探偵会社の申し込みが入りました。なん

でも支店を札幌に置きたいとのこと。
探偵会社のHPを調べましたが怪しいところはなく、芸能人のインタビュー記事なんかを載せています。このHPをすっかり信用して貸すことに決めました。今思えば、

これが、運の尽きだったのです！

この探偵会社に貸した直後から、賃料の支払が遅れました。程なく半年して家賃の滞納が始まりました。**賃借人**に全然連絡が取れない状態となったので、**連帯保証人**に支払いを求めました。
ところが、保証人からは支払う意思はない、賃借人本人から回収してくれと言われました。ネットや本に書いてある回収の方法は、**内容証明や配達証明**で支払いを促すとあったのですが、全く反応なしです。
こうなると、弁護士に立ち退きの依頼をしようかとも考えましたが、その前に**試したい制度**がありました。それは、書面審査だけで簡易裁判所が督促状を送付する**支払督促制度**です。
早速、錦糸町にある簡易裁判所に赴き、事情を話したところ執行官の女性が実に丁寧に書類の書き方を教えてくれたのです。こうして、無事裁判所から督促状を賃借人と保証人に送付できました。
相手方には、支払督促を受けてから2週間以内に、**異議申し立てをするかしないかの選択肢**があります。
異議申し立てをしないのであれば、そのまま支払い命令となり、判決と同等の意味を持ちます。
異議申し立てをするならば、通常の民事裁判に移行となります。
この支払督促制度は効果絶大でした。裁判所から**特別送達**を受け取った保証人は、すぐに連絡をしてきたのです。まあ、人生の中で特別送達を受け取る経験はほとんどないでしょうから、相当なプレッシャーになったようです。筆者も、**特別送達**を受け取った経験は、競売がらみで数回しかありません。
やっとのことで、滞納分の家賃を回収し賃借人の立ち退きを行うことができたのです。
この経験を通じて、家賃回収の手段を得たので学ぶことが多くて良かったなと思います**（負け惜しみです）**。
特に**利回りのみを追及すると、家賃滞納のリスクが生まれる可能性があるので、賃借人及び連帯保証人の属性は十分に調べる必要がある**ことがよくわかりました。

ここから、不動産投資を行う時にはより多くの情報を手に入れるようになりました（遅いっつーの！）。

未来を予測する

多くの情報から未来を予測するのは、物理の世界では当たり前の話です。

例えば、野球のボールを投げた場合、初速度、投げ上げ角度、ボールの回転数、空気抵抗、風向きがわかっていれば着地点を正確に把握することができます。これと同じように不動産を見る場合、**需要の高い広さと間取り、周辺環境、管理の状況、修繕計画**…等を必ずチェックしました。できれば、不動産の投資価値を単純に判断する指標があればいいなあと考えました。

例えば、入試物理で全問解くことは不可能なので、どの問題を捨てるのかを考える必要があります。全ての問題に目を通すのは時間の無駄となるので、**①与えられた図を見る、②設問に目を通すだけの作業**で捨てるか捨てないかを判断するように受験生に指導しています。

不動産投資も様々な要因をすべてチェックするのは時間の無駄ですよね？

まず、筆者は、不動産投資を行う際に儲けるためには、実質利回りが10%以上必要と考えました。そこで、簡単な判断法を考えたのです。それは次のスズキの法則です。

スズキの法則（実質利回りが10%になる判断法）

① 不動産価格から0を2つ取る

② その額が予想される月額家賃を上回っていれば投資対象とする

例えば3,000万円のマンションの一室があったとしましょう。3,000万円から0を2つとると30万円となります。購入した不動産が、月額30万円の家賃を生むかどうかを考えるのです。

年間家賃は30万×12＝360万円となるので、表面利回りは12%となります。実質利回りは、表面利回の大体2割引きと考えると約10%となります。

筆者は、不動産の価格を見る際、常に0を2つ取る癖が付いています。

都内のタワーマンションの一室が5,000万円ねえ。0を2つ取ると50万円か。家賃、50万円とれるかな？？どう考えても20万円しか取れないよなあ…、投資価値ないなあ…

複利の力を最大限に生かすために一軒目の不動産から得られる家賃は手を付けずに残し、本業の収入と合わせてある程度貯まったら次の物件の購入に充当することを繰り返しました。

2件目ススキノ駅近くのワンルームマンション、3件目中島公園駅近くの2LDKのマンションとすべて**レバレッジ（借り入れ）なし**で買い進め、4件目で購入金額の合計が1,800万円となったところで、家賃収入が月額20万円を超えました。

利回りの低い場所では賃貸で住む

利回りの高い札幌で、4件の不動産を購入するのと同時期に税理士に**住所不定の状態**と指摘された筆者は、落ち着いて住む場所を探していました。

第6章でもお話しましたが、当時、リーマンショック等の影響で、家賃が安く据え置かれていた六本木ヒルズのレジデンスのワンルームの月額家賃が20万円との情報が入ったのです。

このワンルームの物件の購入価格は安くても8,000万円以上です。表面利回りは、次のように計算できます。

$$\text{六本木ヒルズの表面利回り} = \frac{20\text{万円} \times 12}{8000\text{万円}} \times 100 = 3\%$$

利回り3%は投資価値は全くありません。つまり、この六本木ヒルズのワンルームは買わずに賃貸で住むのが正解となります。

話を整理すると1800万円で利回りの高い札幌の不動産を購入し、月額20万円の家賃収入を得て、投資金額1,800万円の5倍以上の価値を持つ六本木ヒルズのワンルームに住んでいたのです。

ここで改めてスズキの仮説を確認すると次の通りです。

① 利回りの高い都市に投資用不動産を購入し、家賃を得る

② 利回りの低い首都圏は賃貸物件を借りて、①の利益で支払うのが最善解

1800万円の投資で、8000万円の価値のある六本木ヒルズの一室を購入した状態と同じポジションを作り出したことで、スズキの仮説は正しさが証明されたと思うのですがいかがでしょうか？

不動産投資増殖炉

札幌の不動産投資は、ここで終わりではなかったのです。

4件目までは、割と綺麗な物件を購入してすぐ賃貸に出していたのですが、もうちょっとボロい物件を購入してリフォームまたは、コンバージョンをかけて資産価値を上げてから賃貸することは可能かどうかを実験してみたいと思うようになりました。

つまり、プルトニウム239の連鎖反応で生まれた中性子を燃えないウラン238に当てて、プルトニウム239を生み出す高速増殖炉と同じ発想です。

これが制御できずに、ウラン238のままでとどまると高速増殖炉の実験失敗となります。

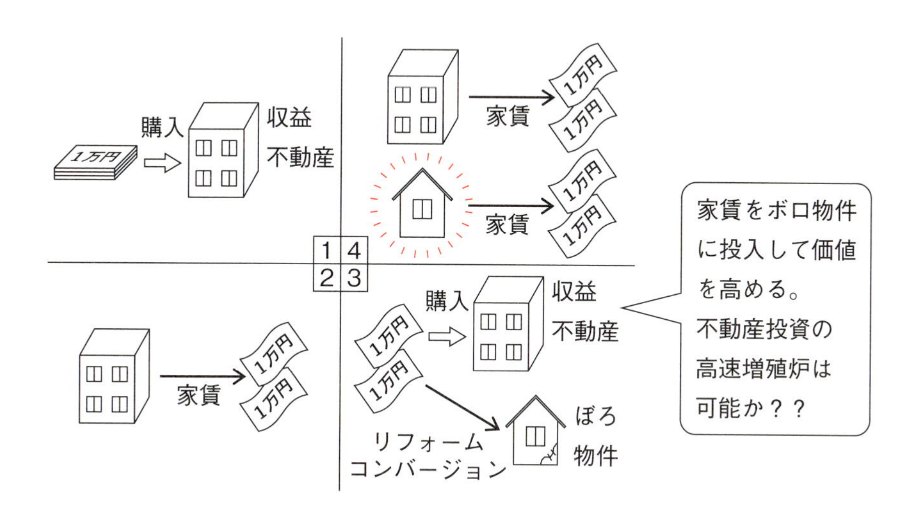

そこで、ちょっと内装がパッとしなかったり水回りが酷く汚れている物件に手を出すようになりました。不動産業者の情報サイトである**レインズ**に載らない競売物件や競売物件一歩手前の任意売却物件も仕入れています。

（注） 競売はきょうばいと読んでも良いですが、けいばいといったほうがプロっぽく聞こえます（笑）。

内装がダサくて空室が続いている物件を格安で仕入れて、地元の腕のよい職人に依頼して実験的に次のような内装を行いました。

① 壁と梁をコンクリートの打ちっ放し風に
② 天井は青空
③ エントランスの狭い範囲は赤や金色の派手なクロスに

上の写真が施工後の一例です。生まれ変わった物件は募集をかけて速攻で決まったのです。まさに、**燃えないウラン238が燃えるプルトニウム239に変わった**と実感しました。

このように、内装を施すと築年数は関係なしでボロ物件が価値のある収益性の高い不動産に生まれ変わりました。2005年、1件目の不動産から始めた投資が、10年後の2015年には部屋数で23部屋まで増殖しました。

つまり、もんじゅではなしえなかった高速増殖炉の不動産バージョンの形が見えてきたのです。

高速増殖炉不動産バージョンの結果

2015年の段階であることに気付きました。家賃収入が本業の予備校講師としての収入を上回っていることに。

実のところ、予備校講師として収入は2005年以降下がる一方であり、一方不動産からの収益は、指数関数的に増大していたので当然と言えば当然なのですが…。

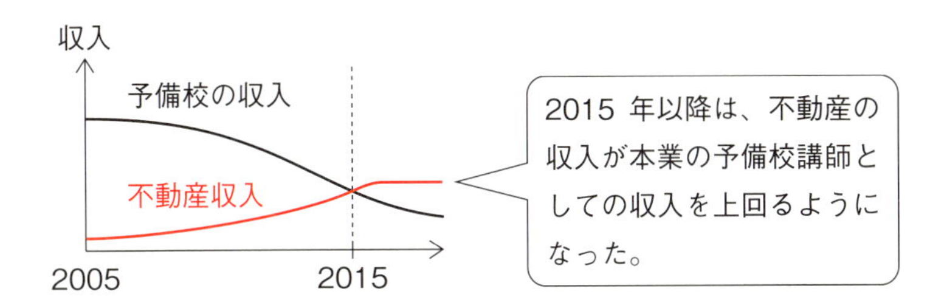

ところが2015年以降は1件も不動産を購入していません。なぜなら東京オリンピックの開催が決まった直後から都内の不動産価格が上昇し、その影響が地方都市である札幌にも波及するようになったからです。

2005年から始めた不動産投資は、札幌では表面利回り15%なんて当たり前でしたが、2017年現在では、すっかり不動産価格が上がって表面利回りが7%以下になった事実を見ると、すでに筆者の高速増殖炉は終焉を迎えたようです。

最近は、高値となった不動産を少しずつ切り売りしながら、新しい投資実験を行っています。

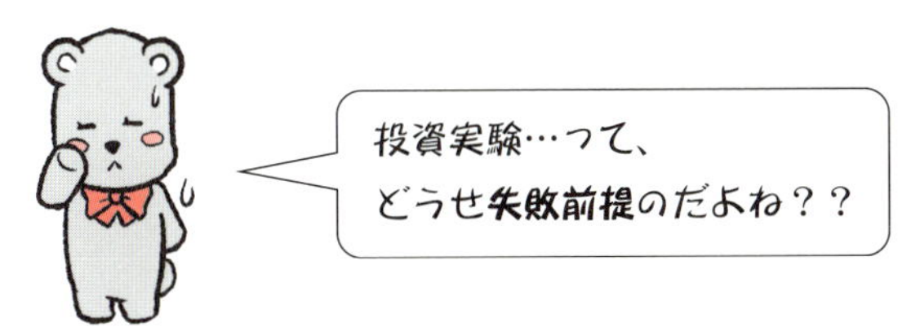

投資実験は、**新規事業の立ち上げに資本参加の形にして出資**しています。単に出資じゃつまらないので、飲食業ならば味を決めるために北海道で昆布を仕入れるなどして、ちょっとお節介なコンサルティングも行っています。

再度、失敗する可能性は十二分にあるのですが、実験には失敗がつきものなのでしょうがないですね（汗）。

コラム　断熱材（その3）（8章コラムの続き）

冬はもっと問題があります。それは、結露です。冬の外気温が低い場合、外断熱では部屋内部の熱がコンクリートに伝わりますが、断熱材で遮断されます。

ところが、内断熱では部屋の熱が断熱材のない部分から熱が伝わり外部に逃げて、外部と同じ温度になろうとします。この結果、部屋に接している壁の温度が下がります。

氷水の入っているコップの表面に水滴がつく現象を見たことがあると思うのですが、これがまさに結露です。

空気中に含まれる水蒸気が温度の低いコップの表面に触れると、水分子が集まる凝集という現象が起きて水滴になります。

全く同じ現象が、内断熱のRCの場合に起きる可能性が高いのです。部屋の内部に結露が現れると、カビの原因になり喘息やアトピー性皮膚炎等の健康被害につながる場合があります。札幌の物件は、冬の外気温の低さから常に結露とカビの問題に悩まされていたのです。

内断熱の構造では外部のコンクリートは雨にさらされ、内部は結露によって生まれた水にさらされます。この結果、コンクリートにしみ込んだ水が鉄骨に達するとさびて膨張します。すると、コンクリート表面にクラック（ひび割れ）が生じます。クラックのあるRCは要注意です。鉄骨がさびている可能性が高いからです。

当然、不動産を購入する際は外断熱を探すのですが、残念ながら日本にある物件の大部分が内断熱なのです。

内断熱でコンクリートの劣化が進むと建物の寿命が短くなります。

財務省PRE戦略検討会の資料によると2005年時の52都市のRC共同住宅の寿命が45.17年とあります。

これに対して、ほとんどの建物が外断熱である欧米では、100年を超えています。

ちなみに、現在の筆者の住まいが2017年の現時点で築年数47年ですが、2018年に建替が決まっています。

人間の寿命に比べて建物の寿命が45年では、あまりにも短命ではと思うのですが読者の皆さんはいかがでしょうか？

第10章

見えないリスクを物理的に考える

前章では、原子力発電の連鎖反応が登場しましたが、福島の原子力発電所の事故以来、**放射線**や**放射性線同位体**、**半減期**などの言葉が頻繁に使われるようになりました。

この章ではまず、そもそも放射線とは何かを考えて、放射線を防ぐにはどのような手段が必要なのかを説明します。

さらに、日常生活に潜むリスクの1つに焦点を当て、それに対応する筆者の行った実験的な方法が、結果的に儲けにつながったことを示したいと思います。

放射性同位体の崩壊

α崩壊

核からα線が放出されます。α線の正体はヘリウム原子核です。

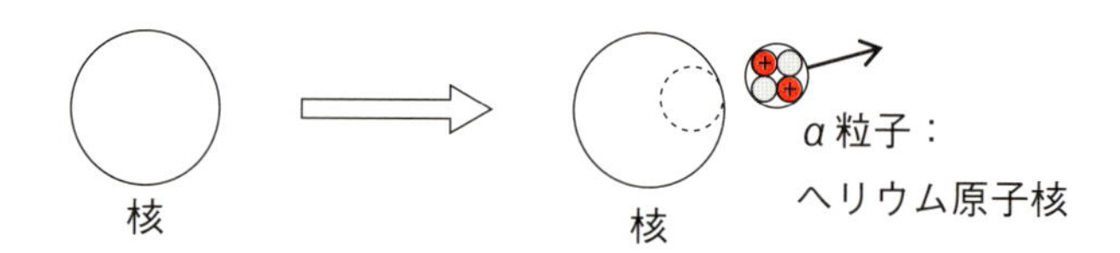

β崩壊

核からβ線が放出されます。β線の正体は電子です。

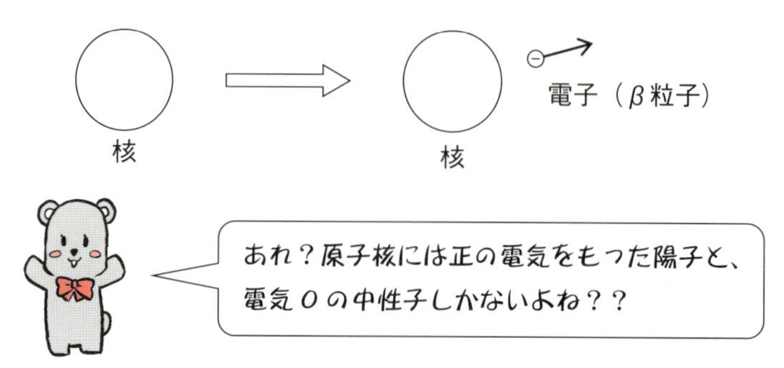

実は、β崩壊では核内で次のような変化が起きています。

中性子→陽子

上記の変化は明らかに、おかしいですよね？

中性子の電気は0、陽子の電気量を＋1とすると、0＝＋1となってしまいます。そこで核内で中性子が陽子に変わる際に、－の電荷をもった電子が核外に放出されると電気量の矛盾が解消されます。

中性子→陽子＋電子
0＝(＋1)＋(－1)…両辺一致してますね！

ところが、上記の反応では電気量は矛盾がないのですが、エネルギー保存則が破れて、もう1つ電気量0で質量がほぼ0〔kg〕の粒子が生まれていることがわかりました。この粒子を、**ニュートリノ**と言い、いわゆる**素粒子**の1つです。

γ崩壊
核から**γ線**が放出されます。γ線はX線より波長の短い電磁波です。

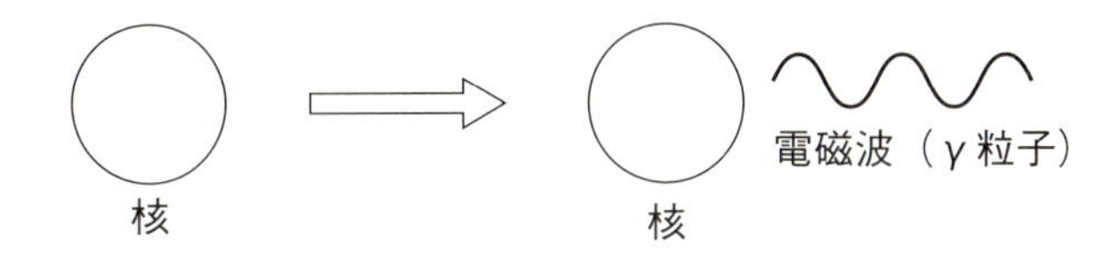

以上が、α、β、γ線の正体です。次に3種類の放射線のリスクを考えてみましょう。

放射線のリスク
3つの放射線の違いに、物質を通りぬける**透過力**と物質内にある原子の軌道電子を弾き飛ばす**電離作用**があります。この違いを表に示すと、次のようになります。

	α線	β線	γ線
透過力	小	中	大
電離作用	大	中	小

粒子の大きさが最も大きいα線が、透過力が弱く1枚の紙で遮断できます。β線（電子）は紙は通過できますが、厚さ数ミリ程度のアルミの板で遮断できます。透過力が一番大きいのがγ線です。γ線を遮断するためには、厚い鉛の板が必要とな

ります。

これに対し**電離作用**の大小は透過力と真逆ですね。電離作用は、物質の破壊力と言い換えることができます。

つまり、人体に与える影響が最も大きいのがα線であり、これにβ線、γ線が続きます。

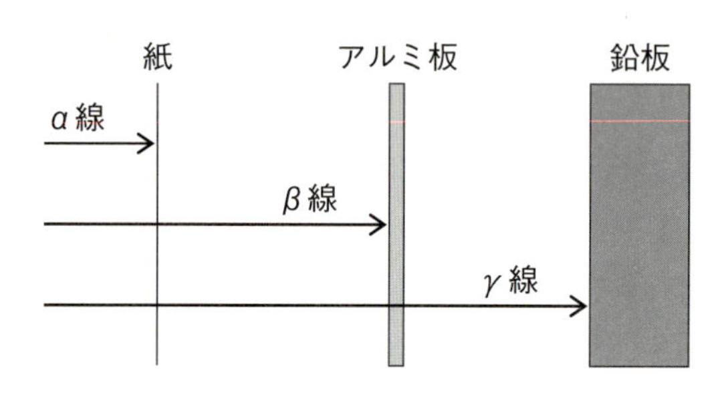

皆さんは、**シーベルト；Sv**という単位を聞いたことがあると思います。Svは人体に与える影響を考えた単位で、同じエネルギーでもβ線、γ線に比べてα線は倍率を20倍に定められています。

ですから、万が一放射線を浴びる場面に出くわしたら、何としてもα線は遮断する必要があります。

ちなみに、テレビでよく見かけるペラペラの雨がっぱのような**防護服**は、α線を遮断しています。

ただし、β線、γ線はすいすい通り抜けるのです。ですから放射線のリスクから完全に逃れることは、なかなか難しいことがわかりますよね。

ただし、放射線のリスクを単に怖がるのではなく、**リスクの内容を正確に把握して適切な対応をすることが重要**なのです。

ここまでは、放射線のリスクを考えましたが、次に我々の周りに潜むリスクについて考えてみます。

日常生活に潜むリスク

私たちは放射線はもとより、様々なリスクに囲まれています。例えば、持ち家を買ったとたん価値が下落する、離婚で資産を失う、睡眠不足で健康を失う、勤めている予備校をリストラされる、…おっとこれはすべて筆者が経験したリスクです（涙）。

本書の主題でもある、『儲ける』ためには、収入を増やしたり、資産を高利回りで運用することはもちろんなのですが、様々なリスクを回避したり軽減することも重要なのです。

会社勤めは安定なのか？

第8章では、1つの会社に勤めることには、リストラなどによるリスクがあることを示しました。リスクを軽減するためには、自由度を増やすべきだと。

しかしながら、会社勤めは安定しているのでリスクはないと思った読者の皆さんがいるかもしれません。

では、仮に定年までクビにならずに雇用が保障されているとしましょう。この場合、一見するとリスクがないように思えますが、放射線のように目に見えないリスクはないのか…を検証しましょう。

そこで、次の枠内のたとえ話をご覧ください。

> 勤めている会社が、あなたの労働に対する対価として23万円を渡そうとした次の瞬間、天空から黒い手が伸びてきて無条件に7万円をさっと奪い取ったとしましょう。あなたには、16万円しか渡されません。

この話を聞いて7万円を奪い取られることがリスクであるとは、思いませんでしたか？この話がたとえ話ではなく、日本で実際に起こっている事実だということを次にご説明します。

本当の報酬、本当の負担はいくら？

ここで、とある会社に勤めるAさんに登場してもらいます。

	月額給与	年齢	年収	家族構成
Aさん	20万円	24歳	340万円	独身

入社2年目の新人社員Aさんを例に挙げて、どれだけ搾取されているのかを計算します。

Aさんの年間所得は340万円ですが、340万円まるまるAさんが受け取ることはできません。

なぜなら、社会保険料、雇用保険、税金…と様々な名目のカネが国または、国の機関に吸い上げられるからです。

特に**大きな負担となるのが社会保険料**です。社会保険は厚生年金と健康保険からなります。

厚生年金保険と協会けんぽ管掌の健康保険の場合、健康保険料率が9.96％、厚生年金保険料が18.182％です。なお、Aさんは、40歳未満なので介護保険料は0円です。

毎月の給与20万円にこれらの料率をかけると次の数字となります。

健康保険料＝20万円×9.96％＝19,920円
厚生年金保険料＝20万円×18.182％＝36,364円

社会保険料の合計は、56,284円ですが、この金額を企業側と労働者側で折半します。大まかに言うと、20万円の給料の場合、企業側が約3万円、個人も同額負担します。

企業側から見ると、社員に20万円の給与を渡すためには、3万円上乗せした23万円を用意しなければなりません。**この23万円が本来Aさんが受け取れる所得**のはずです。

社員から見ると、20万円の給与から社会保険料3万円を引かれた17万円が受け取れそうですが、さらに税金も納める必要があるのです。

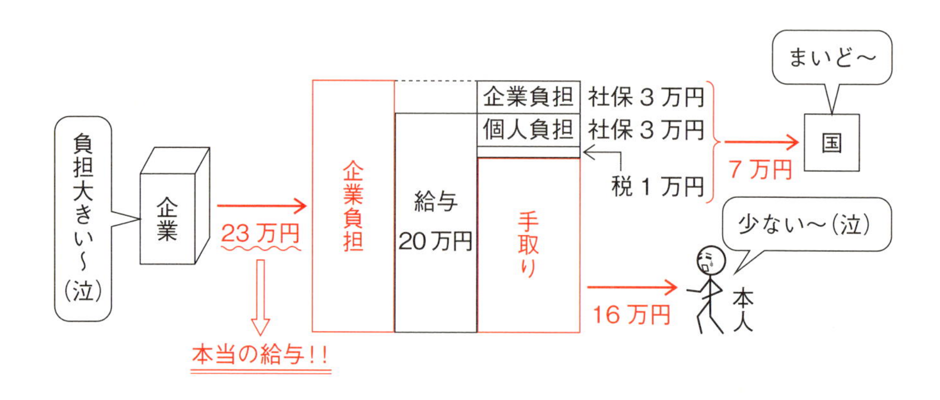

年収340万円ならば、社保の年間の個人負担は約50万円です。企業側も同じ額を負担していますので、結局年間100万円を国に支払います。

なお、これまでの話は、雇用保険料や企業年金は無視しています。負担はそれだけではありません。所得税と住民税です。

社会保険料控除を50万円として計算すると、所得税＋復興特別税の合計が67,300円です。

ちなみに、平成49年まで所得税額の2.1％が復興特別所得税として課税されます。この制度は**平成25年から49年までの25年間です！**ご存知でした？？

所得税とは別に、住民税の合計が139,500円となります。所得税、住民税合わせた税金の合計が206,800円です。本人が得られる所得は340万円＋50万円（社会保険料、企業負担）＝390万円だったものが、340万円－50万円－21万円（税）≒270万円です。

つまり、本当の所得390万円のうち、31％の120万円を国に払って270万円しか受け取れません。

株を購入して、120万円損失を出したなら、株式購入にはリスクがあると感じることでしょう。

では、**国に奪い取られる120万円はリスクではありませんか？**（もちろん税金、社会保険料は義務ではあるのですが…。）

放射線のリスクを回避するためには、防護服が必要でしたよね。

では、給与所得者のための高い社会保険料と税金のリスクを回避する防護服はないのでしょうか？

雇用を捨て法人という防護服に身を包む

もし給与所得者が勤めている会社との雇用関係を捨て、自ら法人を設立しそれまで勤めていた会社と業務委託契約を結んだら、どのようなことが起きると思いますか？　読者の皆さんは、次のようにおっしゃるかもしれません。

「そんな、仮の話をされても困る」

まさにその通りです！そもそも、**物理では、仮説を立ててその仮説が正しいかどうかは検証実験を行ってみるしかないですよね？**

そこで筆者は、法人設立で得られる利得が、雇用で得られる利得を上回るという仮説を立て、自ら実験台になったのです。

（**スズキの仮説**）

雇用によって得られる利得＜法人設立によって得られる利得

（**実験**）

勤めていた予備校と雇用契約を解除し、自ら法人を設立する。以後、予備校と設立法人との業務委託契約を結ぶ。

筆者は平成6年にそれまで雇用関係にあった大手予備校との雇用契約を破棄しました。つまり、**クビ**にしてもらったのです。それと同時に、法人（＝会社）を立ち上げて予備校と業務委託契約を結びました。

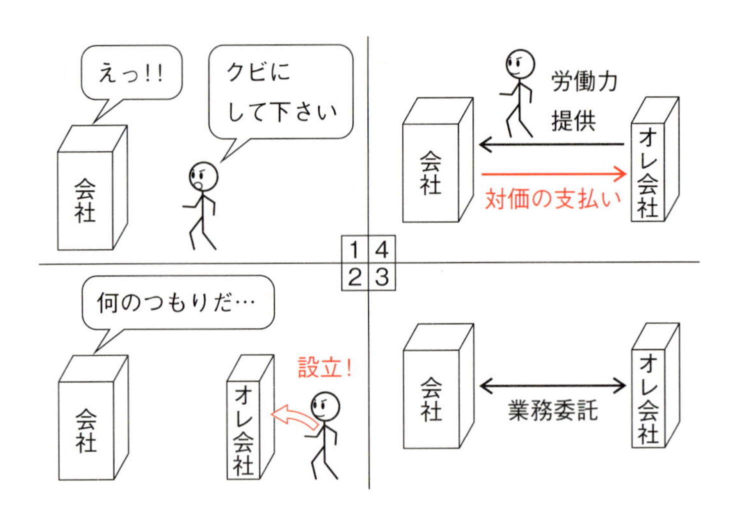

お勤めの皆さんは、**源泉徴収**という名目で税金が給与から引かれていることはよくご存じだと思います。

業務委託後は、法人同士の取引となるので、予備校から受け取る対価はもちろん、源泉徴収はないどころか、**消費税が上乗せ**されて振り込まれたのです。この瞬間、自分の労働に対する対価全てを、初めて手にすることができたのです。

最初に登場した、月収20万円、年収340万円の新人社員Aさんが筆者と同じように、法人を立ち上げたとしましょう。

社会保険の負担が、企業側、個人双方でそれぞれ50万円ずつでしたよね。企業側が負担していた50万円を年収340万円に上乗せした額390万円が本来の彼の得られるべき利得ですから、自分の法人から企業側に請求することが可能です。もちろん、390万円を受け取れるかどうかは交渉次第ですが…。

雇用関係の場合、実質年収390万円のうち、31％の120万を国に払って270万円が手取りだったものが、法人設立後、業務委託契約によって最大値として390万円を法人を通じて受け取ることができます。

筆者の法人の立ち上げの実証実験は、初年度からスズキの仮説が正しいことが立証されました。法人設立前と比べて100万円単位で利得が得られたのです。

法人とはいったい何者？

平成6年に法人を設立することになったのですが、そもそも法人とは何かをよくわかっていなかったと思います。というか、未だに法人とは何かをよくわかっていないのかもしれません。

わかっていないどころか、法人そのものを見たことすらないのです！法人の所在地は決めてあるので、その場所に存在することは間違いないのですが…。

法人＝会社を見たことないってどういうこと？？
会社の建物は見れるよね？

読者の皆さんは、法人（＝会社）を見たことがありますか？というと、会社の建物を想像するかもしれません。では、所在地から法人の建物を完全に取り去ったとしましょう。建物がなくても、そこに法人は存在するのです。

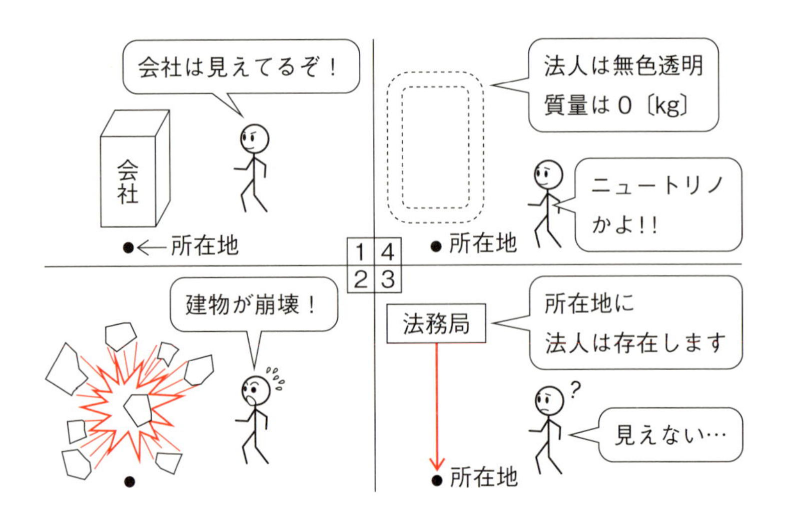

物理的な視点で捉えると、法人はなかなか面白い対象です。ある場所に存在するのだけれども存在を認識することができないのです。

つまり法人は無色透明で、質量は0〔kg〕です。β崩壊で生まれた、ニュートリノのような不思議さを感じます。

ニュートリノは直接観測はできないのですが、他の粒子との相互作用によって間接的に存在を認識できます。

健康を失うリスク

ここまでは、会社勤めのリスクについて述べましたが、一番怖いリスクは健康を失うことではないでしょうか？それにも拘わらず、毎日のように自ら体を痛めつける困った人がいるのです。何を隠そう、かつての筆者です。

筆者が予備校講師を始めたのが平成元年なのですが時代はまさに、バブルの真っただ中でした。

高校教師を辞めて、予備校講師になったとたん急に収入が増えたことを良いことに毎日のように、歓楽街に仲間と繰り出し湯水のようにカネを使い、浴びるように酒におぼれたのです。煙草も1日50本以上吸っていました。さらに、目覚めのコーヒーが1日何杯も欠かせなくなっていました。

しかし、アルコールとニコチンとカフェインという特定の物質に依存することの愚かさに気が付いて、現在はすべてやめました。

特定の物質から離れて、より健康を意識するようになり、特に父が亡くなった原因であったガンのリスクには注意を払っています。

ガンの治療は外科的な手術、抗がん剤などの化学療法、X線の照射がありますが、**最先端の治療に陽子、中性子などの重粒子の照射**があります。

重粒子の照射はまさに物理を利用した治療といえます。

がん治療、陽子の照射

がん治療の1つであるX線照射の場合、がん細胞に至るまでに正常な細胞を傷つけながら進みます。

これに対し、陽子の場合は、体内で抵抗力を受けながら減速し、ある速度になると急に止まりがん細胞に至るのです。

急に止まることが、がん細胞を攻撃することになるのは、例えば次のようにコップをコンクリートの床に落とすと粉々に割れるのとよく似ています。

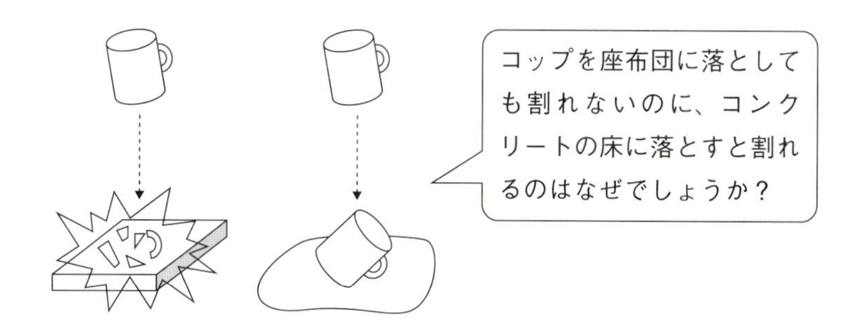

次の図のように、質量m〔kg〕のコップが床に衝突する直前の速さv、制止するまでの時間をt〔s〕とします。コップが受けた力Fは、運動方程式$F=ma$で計算できます。

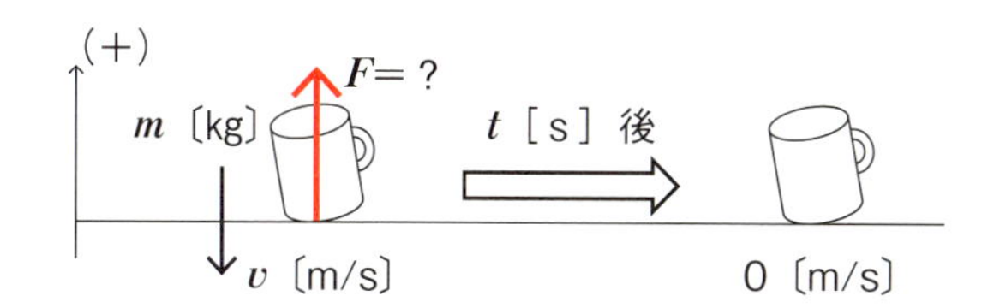

加速度aは、1〔s〕当たりの速度の変化なので、次のように計算できます。

$$加速度；a=\frac{0-(-v)}{t}=\frac{v}{t}$$

運動方程式$F=ma$に上記の結果を代入すると、力Fは次のように計算できます。

$$コップが受けた力；F=m\frac{v}{t}$$

上記の結果から座布団に落下の場合、静止するまでの時間tが大きいので、Fは小さくなりコップは割れなかったんですね。

ところが、コンクリートに落下の場合、静止するまでの時間tが極めて短いので力Fが大きくなり、コップが割れたのです。

陽子を照射した場合も、がん細胞に達する際に急に止まるので、コンクリートの床に落下したコップ同様、陽子は大きな力を受けます。

がん細胞は陽子が受けた力と同じ大きさの反作用を受けるので、ピンポイントにがん細胞を破壊できるのです。

ここで改めて放射線のことを思い出してください。すでに、α、β、γ線が登場しましたが、X線や陽子、中性子の流れも放射線の一種と考えて良いのです。

放射線と聞くと、福島の原子力発電所の事故と結び付けて悪者扱いしがちですが、放射線をうまく利用すると人間の命を救う能力を持っているのです。

がん治療、中性子照射

陽子照射と並んで物理の法則を利用した治療に、**中性子照射**があります。

大学入試で、次のような問題が出題されました。その一部を紹介します。

問題

悪性の脳腫瘍は最も治癒が困難ながんの1つである。その理由は、癌病巣がコア（大きながん細胞の塊）の周辺に細胞レベルで浸潤（しんじゅん）していることによる。それを細胞レベルで治療する手段としてホウ素中性子補足療法という治療法が開発された。

本問は、これに使われる原子核反応に関するものである。

…途中略

$$n(\text{中性子}) + {}^{10}_{5}B(\text{ホウ素}) \rightarrow {}^{7}_{3}Li(\text{リチウム}) + {}^{4}_{2}He(\alpha\text{粒子})$$

…

（2007年筑波大学）

入試問題にがん治療の最先端の話題が出題されるのは驚きです。まず、がん細胞はホウ素を捕獲しやすい特性を持っています。そこで点滴などでホウ素の化合物を投与し、がん細胞にホウ素を集めておきます。

体外から中性子を患部に照射すると、がん細胞に集まったホウ素の原子核に融合し、核が不安定な状態になります。

この直後、不安定なホウ素がα崩壊を起こし、核からα粒子が飛び出しがん細胞を破壊します。

前述のとおり、α線は電離作用が大きく、透過力が小さいので、細胞1個あたりの距離しか進むことができず、正常な細胞を壊すことなくがん細胞だけを破壊することができるわけです。

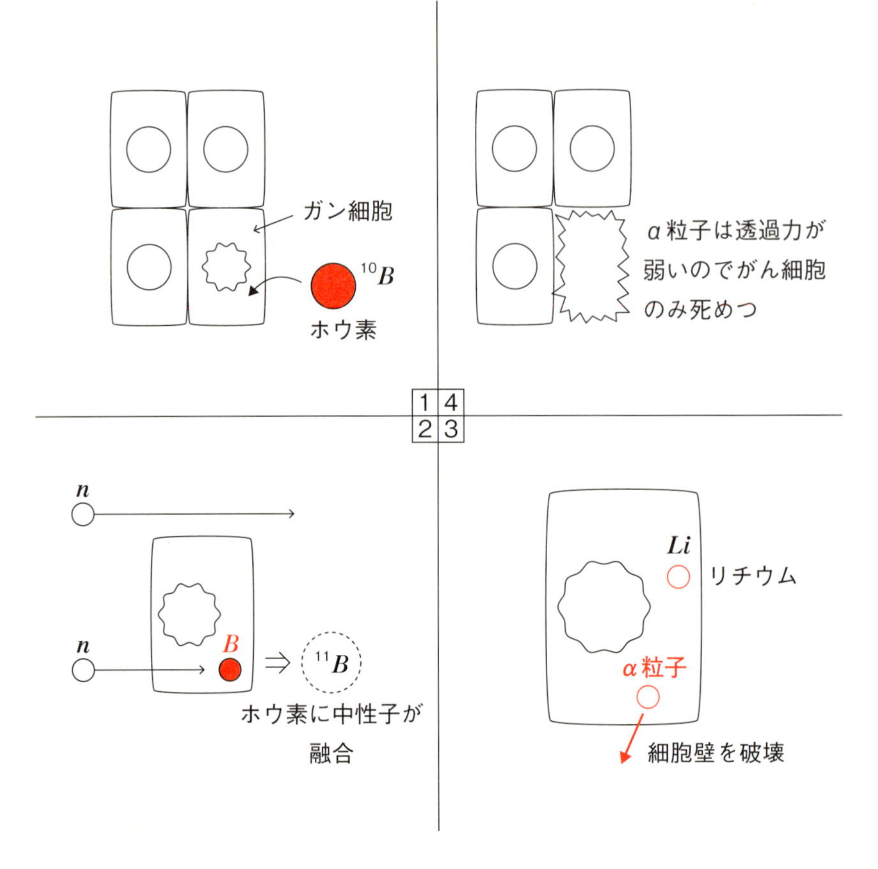

放射線と聞くと、人体に対する害ばかりが強調されますが、うまく利用すると癌を攻撃する道具にもなるのがわかると思います。

ところがです。陽子にせよ中性子の照射にせよ保険医療の適用外で、1回の照射に約**300万円**の自己負担が強いられます。

気軽に払える額ではないですよね（涙）。このような高度医療の大きな負担のリスクに対応できるように、保険だけ入りたいと思いました。いわゆる高度医療特約なのですが、あくまでもガン保険に付帯しています。

そこでがん保険でも、最も支払額が少ないプランに加入しました。ちなみに筆者の年間保険料は2万円程度です。

高度医療特約は、毎月100円を払うだけで上限1,000万円まで保証されたプランです。年間1,200円だけ払って、いざとなったら何百万円の自己負担を回避できるのです。

これはまさしく第6章で登場した、オプションの購入そのものです。

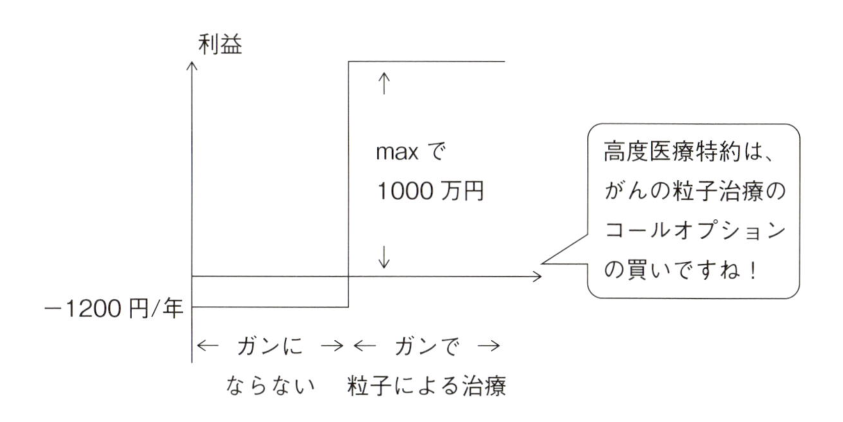

最後に

物理は目の前で起こっている様々な現象がどのような法則に従っているのかを仮説を立てて、実験などを通じて仮説が現象と一致するかどうかを検証することで発展してきました。

筆者のこれまでの人生を振り返ると、銀座の飲み屋、不動産投資、カジノ、法人設立、経営コンサルタントなど思いつくままに様々な分野に手を出したものです。それらは全く未知の領域だったのですが、様々な仮説を立てながら実験を行い多くの失敗を経験しながらも、面白おかしく生き残ることができました。これは間違いなく**物理的な思考力**が役に立ったのです。

投げた物体がどこに着地するかは、物理の法則である運動方程式を解くことで決めることができます。税法や会社法だって運動方程式と同様に単なる法則と考えるならば、それらを最大限に生かして人生の最善の着地点が見つかると筆者は考えています。

読者の皆さんの人生において、**物理的な思考力**が少しでも役に立てれば幸いです。数式だらけの文章に最後まで、お付き合いいただき本当にありがとうございました。

■参考文献■

【1】『ディーラーをやっつけろ！』/エドワード・O・ソープ著/増田丞美監修/宮崎三瑛訳/パンローリング/2006年

【2】『現代ファイナンス論―意思決定のための理論と実践』/ツヴィ・ボディ、ロバート・Cマートン著/ピアソンエデュケーション/1999年

【3】『競売不動産評価の理論と実務』/全国競売評価ネットワーク監修/金融財政事情研究会/2006年

【4】『増補版 金融・証券のためのブラック・ショールズ微分方程式』/石村貞夫、石村園子著/東京図書/2008年

【5】『デリバティブのことがよくわかる本』/石井至著/明日香出版社/1999年

【6】『ポートフォリオの最適化』/竹原均著/朝倉書店/1997年

【7】『早わかり経済学入門―経済学のイロハから最新理論まで、一気にわかる。』/西村和雄著/東洋経済新報社/1997年

■索　引■

<さ行>

<た行>

著者略歴
鈴木 誠治（すずき せいじ）
　高校教師を経た後、大手予備校で講師をしながら銀座5丁目で飲食店の経営を行う。現在は河合塾で首都圏を中心に物理を教える。また、（有）オフィススズキ、（有）ミライの2つの法人の代表取締役CEO。

【法人事業内容（一部）】
①札幌を中心に競売、任意売却などによりマンション、アパート等のピーク時で23部屋の不動産投資。六本木ヒルズをはじめとして不動産投資コンサルティングとしてセミナー多数開催。
②起業コンサルティングとして、30社以上の法人の立ち上げ経営指導に関わる。コンサルティングだけではなく、出資の形で投資を行っている。
③日本で初めてブラックジャック必勝法を教えるセミナー多数開催。

【著書】
・『ラクして物理の点数を稼ぐ「秘」超速解法』
・『高校の物理をイチからおさらいする本【電磁気編】』
・『高校の物理が根本からわかる本【力学編】』
・『センター試験　物理基礎の点数が面白いほどとれる本』
（以上　KADOKAWA）
・『鈴木誠治の物理が初歩からしっかり身につく「力学・熱力学」編』
・『鈴木誠治の物理が初歩からしっかり身につく「電磁気・波動・原子」編』
（以上　技術評論社）

儲かる物理
~人生を変える究極の思考力~

2017年12月12日　初 版 第1刷発行

著　者　鈴木 誠治
発行者　片岡　巌
発行所　株式会社技術評論社
東京都新宿区市谷左内町21-13
電話　03-3513-6150　販売促進部
03-3267-2270　書籍編集部
印刷／製本　日経印刷株式会社

定価はカバーに表示してあります。

●ブックデザイン　内川たくや（ウチカワデザイン）
●カバー・本文イラスト　サワダサワコ
●本文DTP　株式会社 RUHIA

ISBN978-4-7741-9302-1 C3042

Printed in Japan

●本書に関する最新情報は、技術評論社ホームページ（http://gihyo.jp/）をご覧ください。
●本書へのご意見、ご感想は、技術評論社ホームページ（http://gihyo.jp/）または以下の宛先へ書面にてお受けしております。電話でのお問い合わせにはお答えいたしかねますので、あらかじめご了承ください。

〒162-0846
東京都新宿区市谷左内町21-13
株式会社技術評論社 書籍編集部
『儲かる物理』係
FAX：03-3267-2271